理 工 专 业 德 语 系 列 教 材

# 土木工程
# 专业德语

金韶霞　沈潇扬　编著

〔德〕弗兰克·凯姆珀尔(Frank Kemper)
〔德〕布约尔恩·埃尔谢(Björn Elsche)　审校
〔德〕约尔格·永维尔特(Jörg Jungwirth)

## Fachdeutsch des Bauingenieurwesens

## 内容提要

《土木工程专业德语》是专为土木工程专业人员编写的专业德语学习用书。本书共10章，分别为土木工程引言、数学基础知识、建筑工程、建筑材料、建筑物理、桥梁工程、岩土工程、交通工程、隧道工程和流体力学，其中建筑工程一章还包含力学基础知识、钢筋混凝土结构、钢结构和砌体结构等内容。

每章都有配套的习题与词汇表，部分章节还配有微课，讲解该章节的重难点内容。

本书选材专业、广泛，词汇丰富，涵盖土木工程专业大部分专业课程的基础知识及相关德语表达，全面、深入地强化德语在专业学习中的应用，帮助读者掌握土木工程相关专业知识的德语表达，提高阅读与分析德语专业文章的能力，为运用德语学习专业课和工作打下扎实基础。

**图书在版编目(CIP)数据**

土木工程专业德语 / 金韶霞，沈潇扬编著. -- 上海：同济大学出版社，2021.8

ISBN 978-7-5608-9874-2

Ⅰ.①土… Ⅱ.①金… ②沈… Ⅲ.①土木工程—德语 Ⅳ.①TU

中国版本图书馆CIP数据核字(2021)第168123号

**土木工程专业德语**

金韶霞 沈潇扬 **编著**

〔德〕弗兰克·凯姆珀(Frank Kemper) 〔德〕布约尔恩·埃尔谢(Björn Elsche) 〔德〕约尔格·永维尔特(Jörg Jungwirth) **审校**

**责任编辑** 吴凤萍 **助理编辑** 夏涵容 **责任校对** 徐春莲 **封面设计** 陈益平

出版发行 同济大学出版社 www.tongjipress.com.cn

(地址：上海市四平路1239号 邮编：200092 电话：021-65985622)

经　销 全国各地新华书店

印　刷 大丰科星印刷有限责任公司

开　本 710 mm×960 mm 1/16

印　张 10.25

字　数 205 000

版　次 2021年8月第1版 2021年8月第1次印刷

书　号 ISBN 978-7-5608-9874-2

定　价 59.00元

**本书若有印装质量问题，请向本社发行部调换 版权所有 侵权必究**

# 前　言

本教材适合有一定德语基础的土木工程专业学生使用，选取的文章兼具专业性与可读性，且与德国大学同专业课程密切相关。通过学习本教材，学生不仅能够了解专业知识，还能从中掌握科技德语的语言技能，进而更好地进行德语专业课的学习。

《土木工程专业德语》系统而全面地从学生的专业课中挑选出具有专业代表性的主题，包括基本理论知识和基本概念等。本教材共 10 章，包含土木工程引言、数学基础知识、建筑工程、建筑材料、建筑物理、桥梁工程、岩土工程、交通工程、隧道工程和流体力学等专业知识。每章由文章、练习和词汇表组成，部分章节配有微课视频进行重难点讲解，以便学生系统学习。

本教材中，浙江科技学院中德工程师学院的金韶霞老师编写了第 1，2，3，4，5，6，8，9 章，该学院的沈潇扬老师编写了第 7 章和第 10 章，并对第 8 章和第 9 章的内容进行了补充。德籍土木工程专业 Frank Kemper 教授、Björn Elsche 教授与 Jörg Jungwirth 教授对本书的专业内容和语言进行了校对，并分别对第 3 章中的钢结构与砌体结构、第 6 章桥梁工程及第 8 章交通工程部分的内容进行了补充。在此谨向 Frank Kemper 教授、Björn Elsche 教授与 Jörg Jungwirth 教授表示衷心的感谢。

编　者

2021 年 7 月于杭州

# 前言

[illegible]

[illegible]本教材共10章[illegible]

[illegible]

[illegible]

编者

2021年[illegible]

# Inhaltsverzeichnis

# Kapitel 1

# Einführung in das Bauingenieurwesen

## Bauingenieurwesen

Das Bauingenieurwesen beschäftigt sich mit allen bautechnischen Fragenstellungen von Bauwerken des Tief-, Verkehrs-, Wasser- und Hochbaus. Dabei werden die Konzeption, Planung und Entwurf sowie die Konstruktion, Berechnung und Herstellung der Bauwerke bearbeitet. Ebenso ist auch der Betrieb von den Bauwerken ein Aufgabengebiet des Bauingenieurwesens.

## Bauwerk

Ein Bauwerk ist eine von Menschen errichtete Konstruktion mit ruhendem Kontakt zum Untergrund. Außer Gebäuden, wie z.B. Wohngebäuden oder Industriehallen, gibt es noch weitere Bauwerkstypen, wie z. B. Straßen, Brücken, Tunnel, Flughäfen, Staudämme usw.

**Abb. 1.1 Wohngebäude**

**Abb. 1.2 Industriehalle**

Abb. 1.3 Straße

Abb. 1.4 Brücke

## Baustoffe

Ein Baustoff ist ein Material, das zum Errichten von Bauwerken benutzt wird. Die häufigsten verwendeten Baustoffe sind Beton, Stahl, Mauerwerk und Holz.

**Stahlbeton**: Stahlbeton ist ein Verbundbaustoff aus Stahl und Beton. Beton ist gekennzeichnet durch eine hohe Druckfestigkeit, Stahl dagegen durch eine hohe Zugfestigkeit. Beim Stahlbetonbau wird daher eine Bewehrung (Abb. 1.5) in Form von Stahl eingesetzt. Ein Beispiel dafür zeigt Abb. 1.6 mit einer Stahlbetonbrücke in Fujian Provinz.

Abb. 1.5 Bewehrung

Abb. 1.6 Stahlbetonbrücke in Fujian Provinz

Man unterscheidet zwischen Ortbeton und Betonfertigteilen. Ortbeton ist Beton, der direkt auf der Baustelle, also vor Ort, als Frischbeton verwendet und verarbeitet wird. Ein Betonfertigteil dagegen ist ein bereits hergestelltes

Bauteil aus Stahlbeton oder Spannbeton, das entweder in einem Werk industriell oder auf der Baustelle vorgefertigt wird, um dann dort an Ort und Stelle nachträglich in seiner endgültigen Lage eingebaut zu werden.

**Stahl:** Stahl ist eine Eisen-Kohlenstoff-Legierung mit einem Kohlenstoffgehalt zwischen 0,04% und 2,3%. Um jedoch eine gute Zähigkeit und Plastizität zu gewährleisten, sollte der Kohlenstoffgehalt in der Regel 1,7% nicht überschreiten. Zu den Hauptbestandteilen von Stahl zählen neben Eisen und Kohlenstoff auch Silizium, Mangan, Schwefel und Phosphor. Stahlgüte und Stahlsorten (z.B. S235, S355) sowie Querschnittsformen (z.B. IPE 100, HEA 200) werden im Kapitel „Hochbau" detailliert dargestellt, ebenso die besonderen Eigenschaften des Stahls in Bezug auf Zugfestigkeit oder das Elastizitätsmodul.

**Mauerwerk:** Schon früh haben die Menschen aus Ton Ziegelsteine hergestellt. Die Steine konnten vorgefertigt werden (Brennen von Ton) und dann auf der Baustelle zu einem Bauwerk zusammengesetzt werden. Im Laufe der Zeit haben sich weitere Steinsorten entwickelt (Kalksandsteine, Porenbeton, Betonsteine). Die Steine werden mit einem Mörtel zusammengesetzt. Der Mauerwerksbau ist die älteste Bauweise, in der Fertigteile eingesetzt werden. Im Kapitel „Hochbau" wird der Mauerwerksbau weiter beschrieben.

**Holz:** Die Stämme von Bäumen bieten ein hervorragendes Baumaterial, welches durch gute Festigkeitseigenschaften gekennzeichnet ist. Aufgrund der begrenzten Längen des natürlichen Rohstoffs kommt der Ausbildung der Verbindungen eine große Bedeutung zu.

### Bauteile von Gebäuden

Die wichtigen Bauteile von Gebäuden sind Platten, Balken, Stützen, Wände und Fundamente.

### Konstruktionsarten

Im Hochbau kommen verschiedene Konstruktionsarten zum Einsatz, z. B.

Fachwerke, Bögen, Schalen, Rahmen usw. In Abb. 1.7 ist eine Fachwerkkonstruktion (Fachwerkbrücke) dargestellt. Im Gegensatz dazu zeigt Abb. 1.8 ein Fachwerkhaus (Albrecht-Dürer-Haus, ein Fachwerkhaus in Nürnberg). Der Name dieses Haustyps ist abgeleitet von der Bauart des Hauses — das Holzständerwerk ist ausgefacht.

**Abb. 1.7 Fachwerkbrücke in Manchester**

**Abb. 1.8 Fachwerkhaus (das Albrecht-Dürer-Haus in Nürnberg)**

## Darstellungsformen von Gebäuden — Grundriss, Draufsicht (Aufsicht), Schnitt und Ansicht[1]

In den Bauplänen werden Bauwerke in Grundriss, Draufsicht (Aufsicht), Schnitt und Ansicht dargestellt. Abb. 1.9 verdeutlicht den Zusammenhang zwischen Grundriss, Schnitt und Ansicht in einer Übersicht. Im Grundriss erkennt man die Raumaufteilung, in der Ansicht lässt sich die Fassade eines Hauses darstellen und im Schnitt lassen sich alle Höhen ablesen.

In der Abb. 1.10 wird ein Schnitt durch das Einfamilienhaus dargestellt. Im Schnitt wird ein „durchgeschnittenes“ Gebäude und die Höhen eines Hauses dargestellt. Im Grundriss wird eingetragen, wo das Haus geschnitten wurde und welche Blickrichtung der Betrachter hat.

① die Ebene 0,00 ist eine Bezugsebene, von der aus tiefere und höhere Ebenen gemessen werden, meistens ist das die Oberfläche (OF) der Rohdecke des Erdgeschosses.

② die Ebene +0,26 liegt 26 cm oberhalb der Bezugsebene

③ die Ebene +6,00 liegt 6 m oberhalb der Bezugsebene

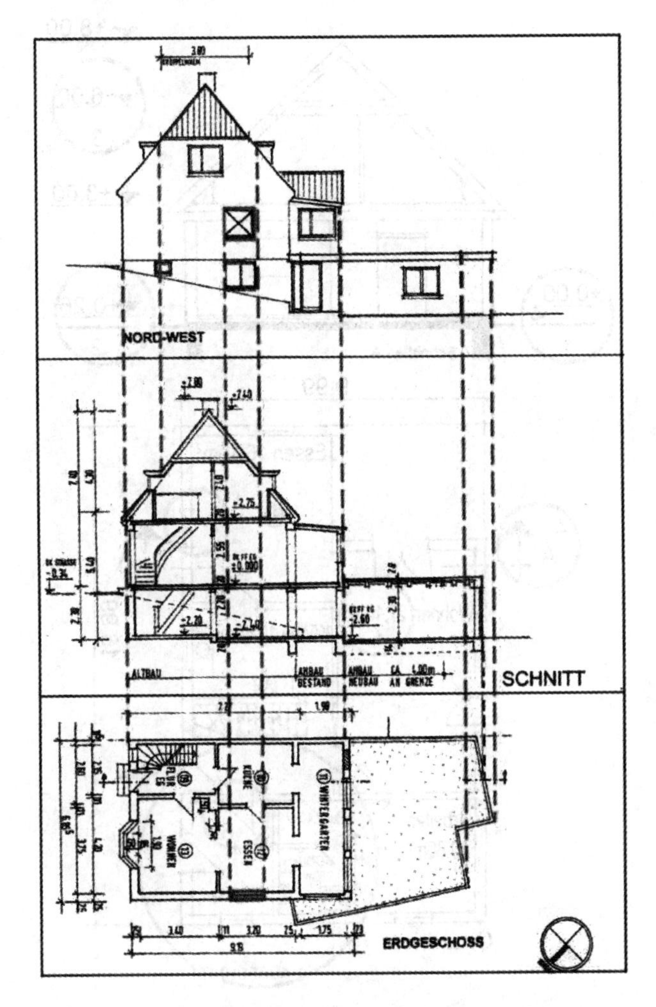


Abb. 1.9 Grundriss, Schnitt und Ansicht[1]

④ der Schnitt A-A durchschneidet den Wohn- und Essbereich mit angegebener Blickrichtung

⑤ die Zahlen in den Zimmern geben die Größe in $m^2$ an

⑥ Darstellung der Tür im Grundriss

⑦ Darstellung des Fensters im Grundriss

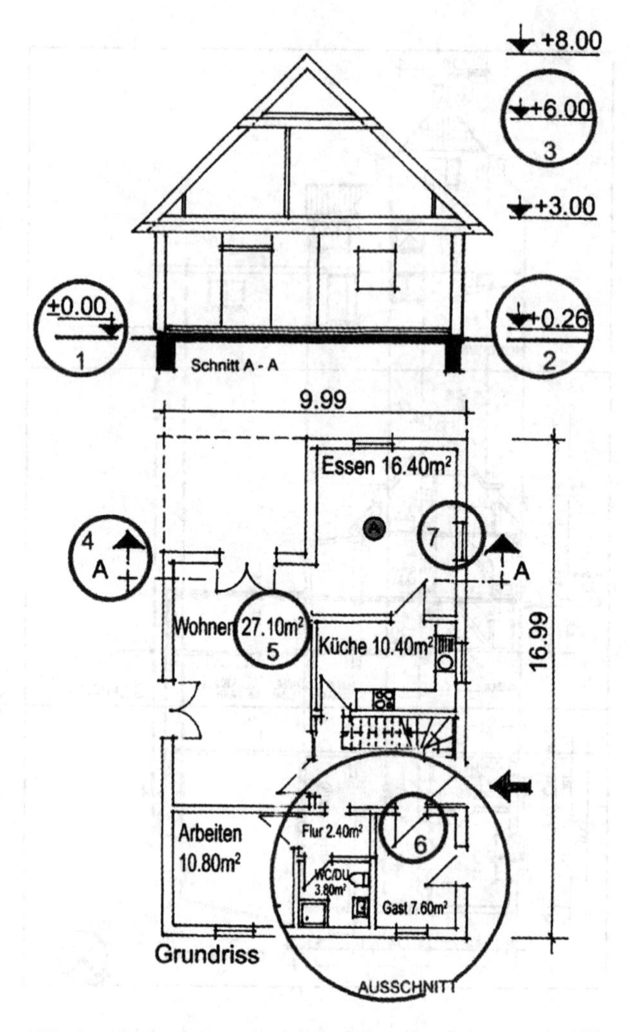


Abb. 1.10 Grundriss und Schnitt eines Einfamilienhauses[1]

## Ⅰ. Übung

1. Welche Baumaterialien werden verwendet?

2. Was ist der Unterschied zwischen Ortbeton und Betonfertigteilen?

3. Was sind die Eigenschaften von Beton und Stahl?

4. Welche Bauwerkstypen gibt es? Geben Sie fünf Beispiele an.

## Ⅱ. Wörterliste

| | | |
|---|---|---|
| die | Ansicht, -en | 侧视图 |
| der | Balken, - | 梁 |
| das | Bauingenieurwesen, nur Sg. | 土木工程 |
| der | Baustoff, -e | 建筑材料 |
| das | Bauteil, -e | 建筑构件 |
| das | Bauwerk,-e | 建筑物 |
| der | Beton, nur Sg. | 混凝土 |
| der | Betonstein, -e | 混凝土砌块 |
| das | Betonfertigteil, -e | 混凝土预制件 |
| die | Berechnung, -en | 计算 |
| der | Betrieb, -e | 运行,运营 |
| die | Bewehrung, -en | 钢筋 |
| der | Bogen, Bögen | 拱 |
| die | Brücke, -en | 桥梁 |
| die | Draufsicht, -en | 俯视图 |
| die | Druckfestigkeit, -en | 抗压强度 |
| der | Entwurf, -würfe | 方案设计,初步设计 |
| | errichten | 建立,建造 |
| das | Eisen, - | 铁 |
| der | Elastizitätsmodul, -n | 弹性模量 |
| das | Fachwerk, -e | 桁架 |
| die | Fassade,-n | 立面 |
| der | Flughafen, -häfen | 机场 |
| der | Frischbeton, nur Sg. | 新拌混凝土 |
| das | Fundament, -e | 基础 |
| das | Gewässer, - | 水域 |
| der | Grundriss, -e | 平面图 |
| der | Hauptbestandteil, -e | 主要成分 |

| | | |
|---|---|---|
| die | Herstellung, -en | 建造;制造 |
| der | Hochbau, nur Sg. | 建筑工程 |
| die | Höhenkote, -n | 标高 |
| das | Holz, nur Sg. | 木材;木头 |
| die | Industriehalle, -n | 工业厂房 |
| der | Lärmschutz, nur Sg. | 噪声防护 |
| die | Legierung, -en | 合金 |
| der | Kalksandstein, -e | 石灰石 |
| der | Kohlenstoff, nur Sg. | 碳 |
| die | Konzeption, -en | 方案设计 |
| die | Konstruktion, -en | 结构;结构设计 |
| das | Mangan, nur Sg. | 锰 |
| das | Mauerwerk, nur Sg. | 砌砖;砌墙 |
| der | Mörtel, - | 砂浆 |
| der | Ortbeton, nur Sg. | 现浇混凝土 |
| der | Phosphor, nur Sg. | 磷 |
| die | Planung, -en | 规划,设计 |
| die | Plastizität, nur Sg. | 塑性 |
| die | Platte, -n | 板 |
| der | Porenbeton, nur Sg. | 加气混凝土 |
| der | Querschnitt, -e | 横截面 |
| der | Rahmen, - | 框架 |
| der | Rohstoff, -e | 原材料 |
| die | Schale, -n | 壳 |
| der | Schnitt, -e | 剖面,截面 |
| der | Schwefel, nur Sg. | 硫 |
| das | Silizium, nur Sg. | 硅 |
| der | Spannbeton, nur Sg. | 预应力混凝土 |
| der | Stahl, Stähle | 钢 |
| der | Stahlbeton, nur Sg. | 钢筋混凝土 |
| die | Stahlgüte, nur Sg. | 钢材牌号 |

| | | |
|---|---|---|
| der | Stamm, Stämme | 树干 |
| der | Staudamm, -dämme | 大坝 |
| der | Stein, -e | 砌块;石头 |
| die | Straße, -n | 道路 |
| die | Stütze, -n | 柱 |
| der | Tiefbau, -ten | 地下工程 |
| der | Ton, nur Sg. | 黏土 |
| der | Tunnel, - | 隧道 |
| | überschreiten | 超过 |
| der | Umweltschutz, nur Sg. | 环境保护 |
| der | Verbundbaustoff, -e | 复合材料 |
| der | Verkehrsbau, nur Sg. | 交通工程 |
| | vorgefertigt | 预制的 |
| die | Wand, Wände | 墙 |
| der | Wasserbau, nur Sg. | 水利工程 |
| das | Wohngebäude, - | 住宅 |
| die | Zähigkeit, -en | 韧性 |
| der | Ziegelstein, -e | 砖 |
| die | Zugfestigkeit, -en | 抗拉强度 |

Kapitel 2

# Mathematische Grundlagen

## Grundlegende mathematische Operationen[2]

In der Fachsprache der Mathematik bedeutet der Begriff „Operation“ etwas anderes als im medizinischen Bereich. Während man in der Medizin mit „Operation“ einen chirurgischen Eingriff meint, bezeichnet man in der Mathematik damit die Ausführung einer Rechnung (ausführen = machen).

**Tab. 2.1 Rechenoperationen**

| Grundrechnungsart | Symbol | man sagt | Ergebnis ( + Präposition) |
|---|---|---|---|
| die Addition | $1+1=2$ | plus | die Summe (von) |
| die Subtraktion | $7-5=2$ | minus | die Differenz (von) |
| die Multiplikation | $3\times4=12$ | mal | das Produkt (von) |
| die Division | $16\div2=8$ | (dividiert/geteilt) durch | der Quotient (aus) |

Für das Symbol = gibt es viele mündliche Varianten: ist, gleich, ist gleich, ergibt, macht. Bei den anderen Symbolen ist es einfacher (siehe Tab. 2.2).

**Tab. 2.2 Mathematische Symbole**

| Symbol | man sagt |
|---|---|
| $=$ | (ist) gleich |
| $\approx$ | (ist) ungefähr |
| $\neq$ | (ist) ungleich, nicht gleich |
| $<$ | (ist) kleiner als |
| $>$ | (ist) größer als |
| $\leqslant$ | (ist) kleiner oder gleich |
| $\geqslant$ | (ist) größer oder gleich |

### Potenzen und Wurzeln[2]

Bei der Potenz unterscheiden wir die Basis oder Grundzahl der Potenz und den Exponenten oder die Hochzahl der Potenz. Das Radizieren oder Wurzelziehen ist die Umkehrung des Potenzierens. Die Zahl, aus der man die Wurzel zieht, heißt Radikand, der Exponent heißt hier Wurzelexponent.

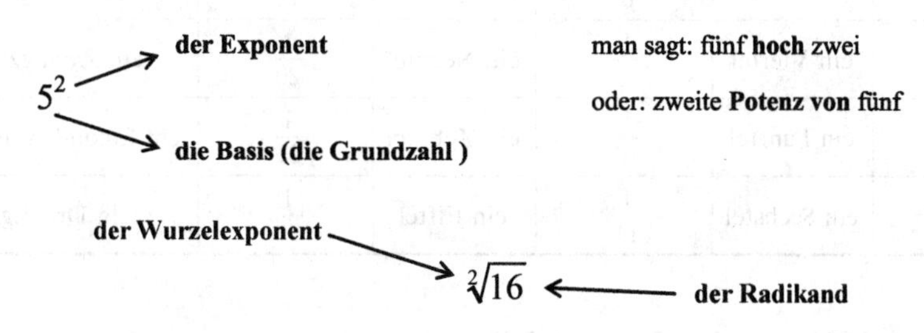


Man sagt: **die zweite Wurzel aus** sechzehn

### Achtung!

Der Wurzelexponent $n$ wird als Kardinalzahl geschrieben, aber als Ordinalzahl gesprochen. Im Beispiel $\sqrt[3]{a}$ schreibt man die Zahl 3 (ohne Punkt) und sagt „dritte“ (wie 3. — mit Punkt!).

**Tab. 2.3 Kardinalzahlen und Ordinalzahlen**

| Kardinalzahlen (ohne Punkt) | | Ordinalzahlen (mit Punkt) | |
|---|---|---|---|
| Symbol | gesprochen | Symbol | gesprochen |
| 1 | eins | 1. | der erste |
| 2 | zwei | 2. | der zweite |
| 3 | drei | 3. | der dritte |
| 4 | vier | 4. | der vierte |
| ... | ... | ... | ... |

### Bruchzahlen/Brüche[2]

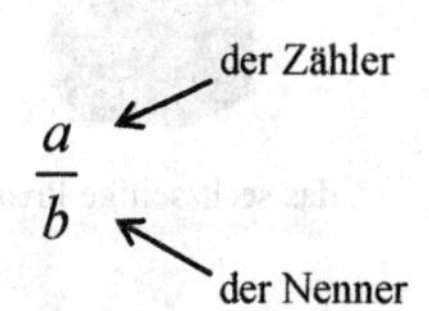


Brüche (Synonym: Bruchzahlen, gebrochene Zahlen) verwendet man, um Teile von ganzen Einheiten darstellen zu können. Die Zahl oben heißt Zähler，die Zahl unten Nenner.

**Tab. 2.4 Beispiel der Bruchzahlen**

| mathematisch | gesprochen | mathematisch | gesprochen | mathematisch | gesprochen |
|---|---|---|---|---|---|
| $\frac{1}{2}$ | ein Halb | $\frac{1}{7}$ | ein Siebtel | $\frac{1}{12}$ | ein Zwölftel |
| $\frac{1}{3}$ | ein Drittel | $\frac{1}{8}$ | ein Achtel | $\frac{1}{13}$ | ein Dreizehntel |
| $\frac{1}{4}$ | ein Viertel | $\frac{1}{9}$ | ein Neuntel | $\frac{1}{20}$ | ein Zwangzigstel |
| $\frac{1}{5}$ | ein Fünftel | $\frac{1}{10}$ | ein Zehntel | $\frac{1}{21}$ | ein Einundzwangzigstel |
| $\frac{1}{6}$ | ein Sechstel | $\frac{1}{11}$ | ein Elftel | $\frac{1}{30}$ | ein Dreißigstel |

## Figuren und Körper der Geometrie[2]

Die Abbildung 2.1 zeigt die grundlegenden geometrischen Figuren und Körper.

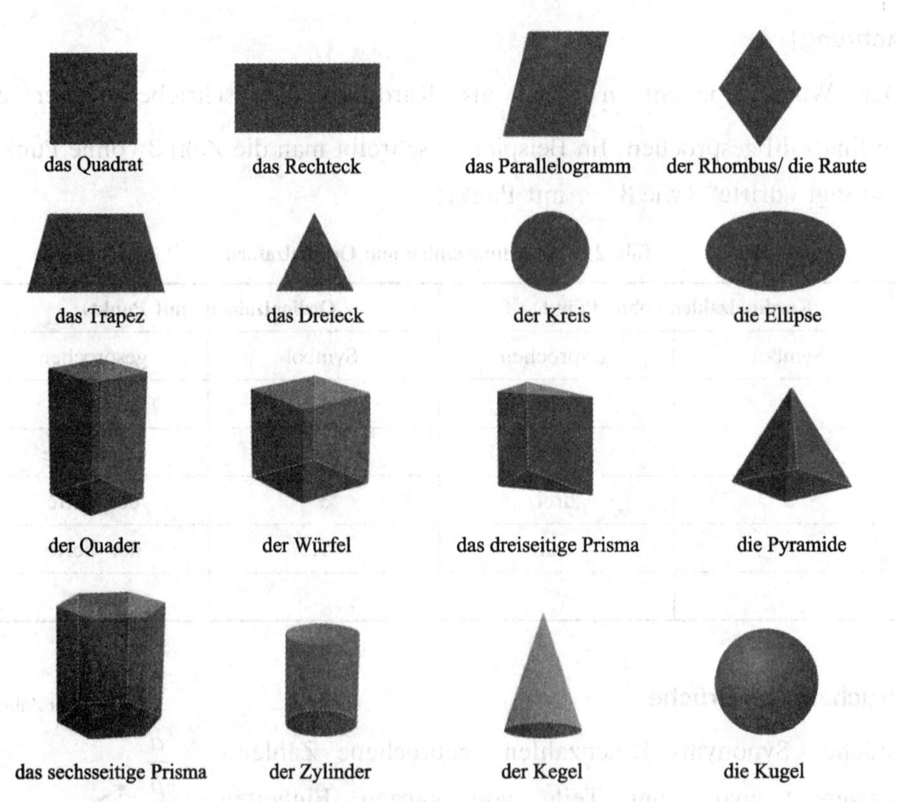


**Abb. 2.1 Figuren und Körper[2]**

**Dreiecksformen**[1]: Dreiecke sind von drei Seiten umgeben und haben drei Winkel, deren Summe 180° beträgt. Unterschiedliche Dreiecksformen entstehen, wenn ein Dreieck verschiedene Seitenlängen und verschiedene Winkel aufweist.

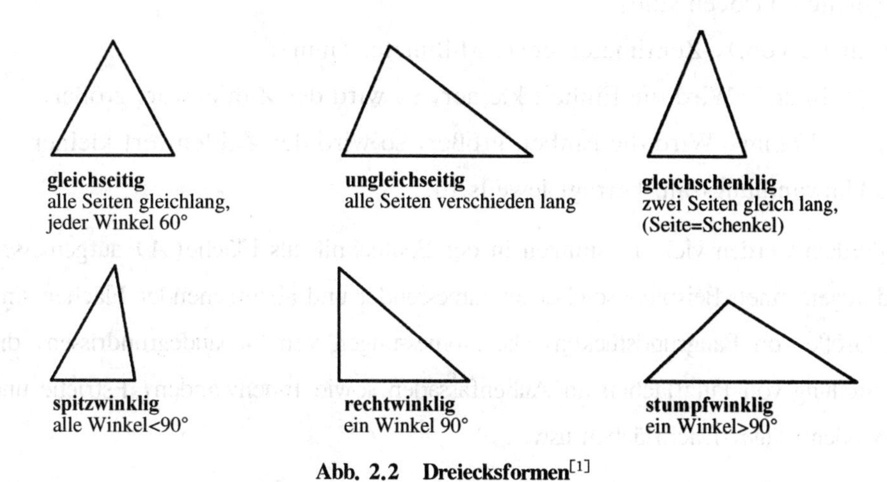


**Abb. 2.2 Dreiecksformen**[1]

**Kreis**[1]: Kreisförmige Flächen sind in der Bautechnik ebenfalls häufig anzutreffen. Im Straßenbau bei Pflasterflächen, Verkehrsinseln, Kreisverkehren, im Hochbau bei Fenstern, Gewölben. Ein Kreis besteht aus einem Mittelpunkt und einer Kreislinie, auf der jeder Punkt den gleichen Abstand zum Mittelpunkt aufweist (Radius = $r$).

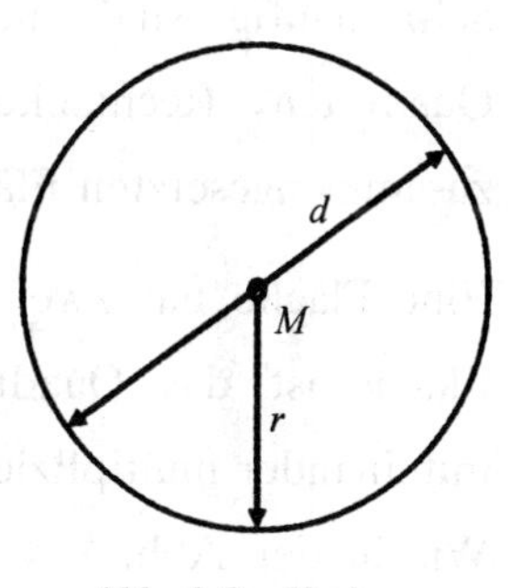


**Abb. 2.3 Kreis**

Benennungen im Kreis sind:

$d$ = Durchmesser

$r$ = Radius (Halbmesser), $r = d/2$

$M$ = Mittelpunkt

## Länge, Fläche und Volumen[1]

Längeneinheiten (Längen, Höhen, Breiten) sind in der Bautechnik häufig erforderlich.

Eine sehr wichtige Einheit zur Längenermittlung stellt das „Meter" dar. Die Länge wird durch das Formelzeichen „$l$" abgekürzt.

$$l = 1{,}00\ \text{m}$$

Abgeleitete Größen sind:

Dezimeter (dm), Zentimeter(cm), Millimeter (mm).

1 m = 10 dm  Wird die Einheit kleiner, so wird der Zahlenwert größer.

1 cm = 10 mm  Wird die Einheit größer, so wird der Zahlenwert kleiner.

Die Umwandlungszahl beträgt jeweils 10.

Außerdem werden viele Leistungen in der Bautechnik als Fläche($A$) aufgemessen und abgerechnet. Beispiele solcher aufzumessender und abzurechender Flächen sind die Größe von Baugrundstücken, die Abmessungen von Gebäudegrundrissen, die Herstellung von Putzflächen an Außenfassaden sowie Innenwänden, Estriche und Fußbodenbeläge, Dachflächen usw.

Sehr häufig sind diese Flächen in Formen von Dreiecken, Kreisen, Quadraten, Rechtecken und Trapezen zu finden oder bei komplizierten, zusammengesetzten Flächen in eben diese Grundformen zu zerlegen.

Eine Fläche hat zwei Längenausdehnungen, jeweils in m. Die Einheit der Fläche ist das Quadratmeter ($m^2$), hierzu werden beide Längenmaße miteinander multipliziert ($m^2 = m \cdot m$).

Wie in der Abb. 2.4 dargestellt ist $l$ die Länge, $b$ die Breite und $h$ die Höhe des Quaders. Das Volumen($V$) wird berechnet:

$$V = l \times b \times h = A \times h \qquad (2.1)$$

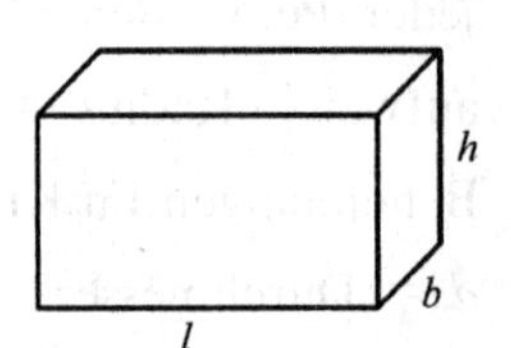

**Abb. 2.4 Quader**

Als Maßeinheit für das Volumen wird $m^3$ verwendet.

**NN-Höhen**[1]

Höhen und Höhenunterschiede werden oft auf die NN-Höhe bezogen. Die NN-Höhe (Normalnull-Höhe) entspricht der Höhe des Meeresspiegels und dient als Bezugshöhe.

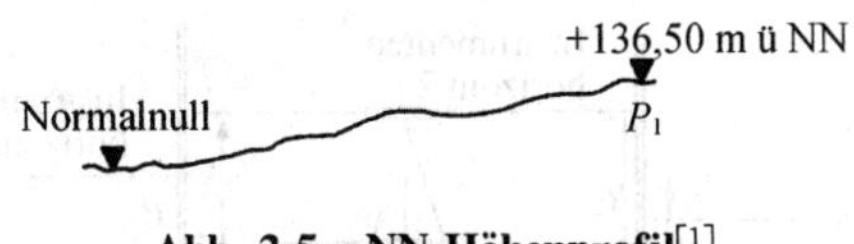


**Abb. 2.5 NN-Höhenprofil**[1]

Der Messpunkt $P_1$ hat gegenüber NN einen Höhenunterschied von 136,50 m, d.h., $P_1$ liegt um 136,50 m höher als der Meeresspiegel.

In der Baupraxis bedeutet das, dass Höhen von Bauteilen ermittelt werden, Straßenneigungen bestimmt werden oder aber Rohrleitungsgefälle hergestellt werden.

Wie ermittelt man einen Höhenunterschied?

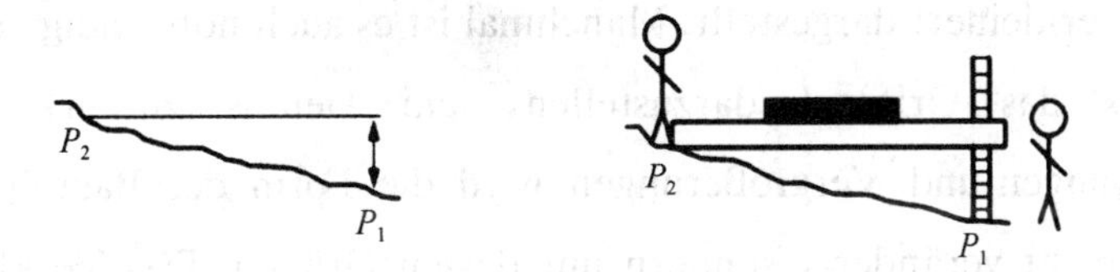


**Abb. 2.6 NN-Höhenprofil**[1]

Es gibt verschiedene Möglichkeiten. Für kurze Strecken nutzt man die Setzlatte mit der Wasserwaage und der Messlatte. In $P_1$ wird die Messlatte lotrecht aufgestellt. Die Setzlatte wird mit Hilfe der Wasserwaage „eingewogen", an der Unterkante der Messlatte kann man den Höhenunterschied ablesen. Eingesetzt wird diese Methode der Höhenmessung z.B. beim Herstellen von Böschungsneigungen oder bei kurzen Entfernungen in schrägem Gelände.

Für größere Strecken wird das Nivelliergerät verwendet. Die Messung beginnt an einem festen Punkt (A) im Gelände, dessen NN-Höhe bekannt ist. Auf diesen Messpunkt (A) wird die Nivellierlatte lotrecht aufgesetzt. Ziel dieser Messung ist es, den Geländepunkt B bezogen auf die NN-Höhe des Geländepunktes A zu erfassen.

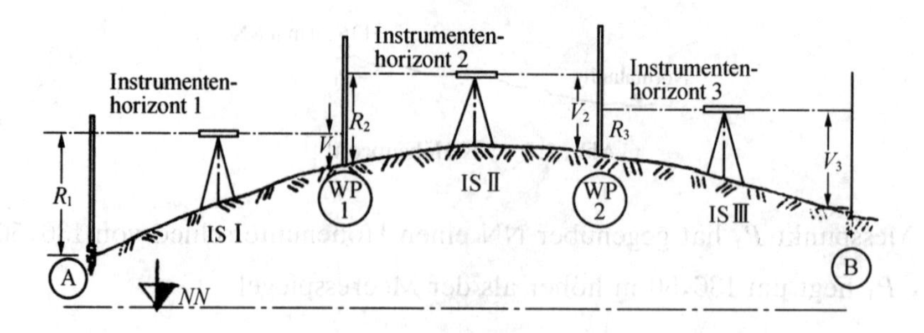


**Abb. 2.7 Wendepunkte Strichskizze**[1]

## Maßstab[1]

Um Bauteile und Bauwerke auf Bauzeichnungen darzustellen, werden diese in der Regel verkleinert dargestellt. Manchmal ist es auch notwendig, ein Bauteil größer als das Original darzustellen, um Details zu erkennen. Bei Verkleinerungen und Vergrößerungen wird die Form des Bauteils oder des Bauwerks nicht verändert, sondern nur dessen Größen. Das Verkleinerungs- und Vergrößerungsmaß drückt den Maßstab aus.

Unter einem Maßstab versteht man allgemein das Größenverhältnis einer Strecke auf einer Bauzeichnung gegenüber ihrer wirklichen Größe (Abb. 2.8).

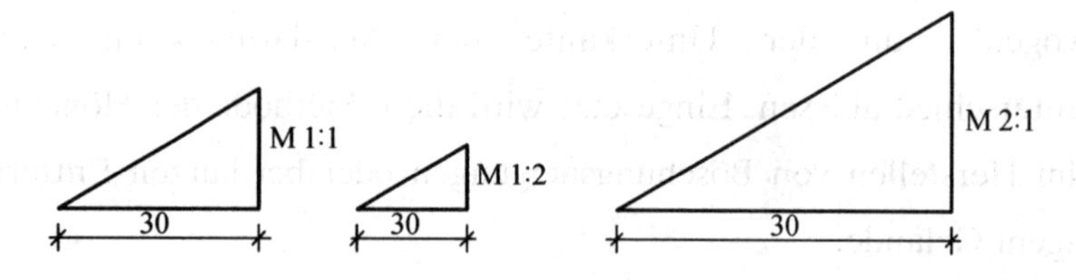


**Abb. 2.8 Verschiedene Maßstäbe (Original-Verkleinerung-Vergrößerung)**[1]

Im Maßstabsrechnen gibt es drei Größen: Zeichnungsmaß, Wirkliches Maß, Maßstab.

Maßstab = 1/Verhältniszahl = Zeichnungsmaß/Wirkliches Maß

**Tab. 2.5 Maßstäbe[1]**

| Wirklichkeit | Verkleinerung | Vergrößerung |
|---|---|---|
| Maßstab 1 : 1 bedeutet, dass 1 cm in der Zeichnung 1 cm in der Wirklichkeit entspricht. | Maßstab 1 : 2 bedeutet, dass 1 cm in der Zeichnung 2 cm in der Wirklichkeit entspricht. | Maßstab 2 : 1 bedeutet, dass 2 cm in der Zeichnung 1 cm in der Wirklichkeit entspricht. |

In der Bautechnik werden folgende Maßstäbe häufig verwendet:

**Tab. 2.6 Maßstabsanwendung[1]**

| Maßstab | Anwendung |
|---|---|
| 1 : 1, 1 : 5, 1 : 10, 1 : 20, 1 : 25 | Detail-, Teilzeichnungen |
| 1 : 50 | Ausführungszeichnungen |
| 1 : 100 | Eingabe-, Entwurfspläne |
| 1 : 250, 1 : 500 | Vorentwurfspläne |
| 1 : 500, 1 : 1 000 | Lagepläne |

## Neigungen[1]

In vielen Baukonstruktionen, deren Oberflächen durch Wasser beansprucht wird, muss das Wasser möglichst schnell gesammelt und weitergeleitet werden. Beispiele solcher Anwendungen sind: Ableitung von Regenwasser auf Flachdächern, Straßenentwässerung in Gräben und Kanäle und viele mehr.

Auf einer waagerechten Platte kann Wasser nicht abfließen. Wenn man diese waagerechte Platte an einer Seite unterkeilt, so entsteht eine schiefe Ebene, das Wasser kann gezielt abfließen. Man spricht dann von einem Gefälle (Abb. 2.9). Dieses wird i.d.R. in Prozent angegeben.

**Beispiel**

Die o.a. Platte soll eine Länge von 1, 50 m haben. An der rechten Seite unterkeilen wir die Platte mit einem 3 cm dicken Holzkeil. Wir können jetzt das Gefälle dieser Platte in % berechnen.

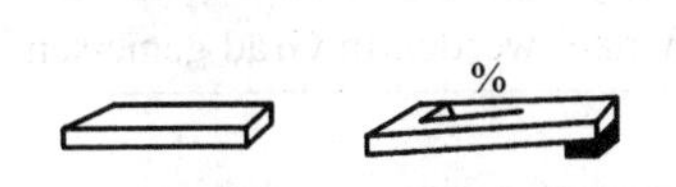


**Abb. 2.9 Neigung einer Platte[1]**

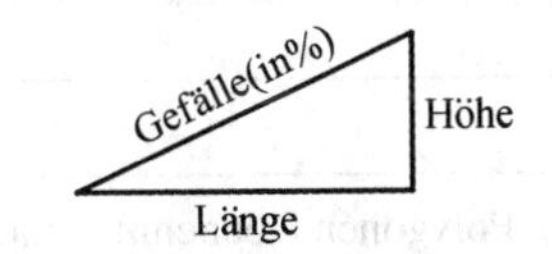


**Abb. 2.10 Steigungsdreieck[1]**

Für alle Flächen mit Gefälle gilt folgende Formel：

$$\frac{p\%}{100\%}=\frac{h}{l} \tag{2.2}$$

$h$：Höhenunterschied；$l$：waagerechte Länge；$p\%$：Gefälleangabe in Prozent.

Zwei dieser drei Bedingungen müssen immer bekannt sein，dann lässt sich die dritte Bedingung rechnerisch ermitteln.

## Ⅰ. Übung

1. Bitte übersetzen Sie folgende Sätze ins Chinesisch und schreiben Sie diese mit mathematischen Operationen auf.

   (1) Was ist das Produkt von 8 und 9?

   (2) Wie groß ist der Differenz von 30 und 5?

   (3) Was ist das Ergebnis der Addition von 70 und 20?

2. Beschreiben Sie folgende mathematischen Funktionen (Potenzen/Wurzeln/Bruchzahlen) auf Deutsch.

| | |
|---|---|
| $\sqrt[5]{32}=2$ | |
| $\frac{7}{30}$ | |
| $8^3$ | |

3. Umwandlung von man-Sätzen ins Passiv und umgekehrt：Ergänzen Sie die Tabelle，indem Sie die Sätze umwandeln.

| man-Satz | Passivsatz |
|---|---|
| | Winkel werden mit griechischen Buchstaben bezeichnet. |
| | Winkel werden in Grad gemessen. |
| Seiten in Polygonen benennt man mit kleinen lateinischen Buchstaben (a,b,c). | |

4. Was sind die Einheiten der Länge, der Breite, der Höhe, der Fläche und des Volumens?

5. Was ist der Höhenunterschied von P1 (+35,3 m ü NN) und P2 (+155,7 m ü NN)?

6. Ein Holzbalken mit einer Breite von 24 cm misst in der Detailzeichnung 48 mm. Berechnen Sie den Maßstab.

7. Ein 75 m langer Kanal soll mit einem Gefälle von 1,3% verlegt werden. Wie groß ist der Höhenunterschied zwischen Anfang und Ende?

## Ⅱ. Wörterliste

| | | |
|---|---|---|
| die | Abmessung, -en | 尺寸 |
| die | Addition, -en | 加法 |
| die | Ausführungszeichnung, -en | 施工图 |
| die | Außenfassade, -n | 外立面 |
| die | Basis, Basen | 基数;底数 |
| das | Baugrundstück, -e | 建筑用地 |
| die | Bezugshöhe, -n | 基准高度 |
| die | Breite, -n | 宽,宽度 |
| die | Bruchzahl, -en | 分数 |
| | chirurgisch | 外科的 |
| die | Dachfläche, -n | 屋面 |
| das | Detail, -s | 细节 |
| der | Dezimeter, - | 分米 |
| die | Differenz, -en | 差 |
| | dividiert durch | 除 |
| die | Division, -en | 除法 |
| das | Dreieck, -e | 三角形 |
| der | Durchmesser, - | 直径 |

| | | |
|---|---|---|
| die | Ebene, -n | 平面 |
| die | Einheit,-en | 单位 |
| die | Ellipse, -n | 椭圆 |
| | entsprechen | 相应,符合 |
| der | Estrich, -e | 水泥砂浆地面 |
| der | Exponent, -en | 指数 |
| die | Figur, -en | 图形 |
| das | Flachdach, -dächer | 平屋顶 |
| die | Fläche, -n | 面;面积 |
| das | Formelzeichen, - | 符号 |
| der | Fußbodenbelag, -beläge | 地面铺装 |
| das | Gefälle, - | 坡度 |
| die | Geometrie,nur Sg. | 几何,几何学 |
| das | Gewölbe, - | 穹顶;拱顶 |
| | gleich | 等于 |
| | gleichschenklig | 等腰的 |
| | gleichseitig | 等边的 |
| der | Graben, Gräben | 沟渠 |
| das | Größenverhältnis, -se | 比例;比值 |
| der | Halbkreis, -e | 半圆 |
| der | Halbmesser, - | 半径 |
| die | Höhe, -n | 高,高度 |
| der | Höhenunterschied, -e | 高差 |
| der | Holzkeil, -e | 木楔 |
| die | Innenwand, -wände | 内墙 |
| der | Lageplan, -pläne | 总平面图 |
| die | Länge, -en | 长度 |
| die | Neigung, -en | 斜坡,坡度 |
| der | Kanal, Kanäle | 运河 |
| die | Kardinalzahl, -en | 基数词 |
| der | Kegel, -n | 圆锥 |

| | | |
|---|---|---|
| der | Körper, - | 立体，几何体 |
| der | Kreis, -e | 圆 |
| die | Kreislinie, -n | 圆周线;圆周 |
| der | Kreisverkehr, nur Sg. | 环岛 |
| das | Kubikmeter, - | 立方米 |
| die | Kugel, -n | 球 |
| die | Länge, -n | 长度 |
| | lotrecht | 垂直的 |
| | mal | 乘 |
| der | Maßstab, -stäbe | 比例尺 |
| der | Meeresspiegel, - | 海平面 |
| der | Messpunkt, -e | 测量点 |
| der | Millimeter, - | 毫米 |
| | minus | 减 |
| der | Mittelpunkt, -e | 圆心 |
| die | Multiplikation, -en | 乘法 |
| | multiplizieren | 相乘 |
| die | Neigung, -en | 坡度 |
| der | Nenner, - | 除数 |
| das | Nivelliergerät, -e | 水准仪 |
| die | Nivellierlatte, -n | 水准尺 |
| die | Normalnull-Höhe = NN-Höhe | 基准原点 |
| die | Oberfläche, -n | 表面 |
| die | Operation, -en | 运算 |
| die | Ordinalzahl, -en | 序数词 |
| das | Parallelogramm, -e | 平行四边形 |
| die | Pflaserfläche, -n | 铺石路面 |
| | plus | 加 |
| die | Potenz, -en | 幂;指数 |
| das | Prisma, -men | 棱柱体 |
| das | Produkt, -e | 积 |

| | | |
|---|---|---|
| das | Prozent, -e | 百分比 |
| die | Putzfläche, -n | 抹灰面 |
| die | Pyramide, -n | 四棱锥;金字塔 |
| der | Quader, -n | 长方体 |
| das | Quadrat, -e | 正方形 |
| der | Quadratmeter, - | 平方米 |
| der | Quotient, -en | 商 |
| der | Radikand, -en | 被开方数 |
| der | Radius, Radien | 半径 |
| die | Raute, -en | 菱形 |
| die | Rechenoperation, -en | 运算 |
| das | Rechteck, -e | 矩形,长方形 |
| | rechtwinkelig | 直角的 |
| der | Rhombus, -ben | 菱形 |
| die | Rohrleitung, -en | 管道 |
| die | Setzlatte, -n | 标尺,水准标尺 |
| | spitzwinklig | 锐角的 |
| die | Straßenentwässerung, -en | 道路排水 |
| | stumpfwinklig | 钝角的 |
| die | Subtraktion, -en | 减法 |
| die | Summe, -n | 和 |
| das | Synonym, -e | 同义词 |
| das | Trapez, -e | 梯形 |
| die | Umfang, -fänge | 周长 |
| die | Umrechnung, -en | 换算 |
| die | Vergrößerung, -en | 放大 |
| die | Verkehrsinsel, -n | 安全岛,交通岛 |
| die | Verkleinerung, -en | 缩小;变小 |
| das | Volumen, - | 体积 |
| | waagerecht | 水平的 |
| die | Wasserwaage, -n | 水平仪,水准器 |

| | | |
|---|---|---|
| der | Wendepunkt, -e | 转点,测点 |
| der | Winkel, - | 角度 |
| der | Würfel, - | 正方体 |
| die | Wurzel, -n | 根 |
| der | Wurzelexponent, -en | 根指数 |
| der | Zähler, - | 被除数 |
| das | Zeichnungsmaß, -e | 图纸尺寸 |
| der | Zentimeter, - | 厘米 |
| | zerlegen | 分解 |
| | zusammensetzen | 组合;组成 |
| der | Zylinder, - | 圆柱 |

# Kapitel 3

# Hochbau

Der Hochbau beschäftigt sich mit allen bautechnischen Fragestellungen von Bauwerken, die größtenteils über der Geländekante liegen.

Der Hochbau wird in folgende Bereiche kategorisiert:

- Stahlbau
- Stahlbetonbau
- Mauerwerksbau
- Holzbau

In diesem Kapitel werden Stahlbetonbau, Stahlbau und Mauerwerksbau detailliert vorgestellt. Zuvor werden die allgemeinen Hintergründe für eine statische Berechnung erläutert.

## 3.1 Statische Berechnung

### 3.1.1 Bauteile

Das Bauteil ist im Bauwesen ein funktionelles Element eines Bauwerks. Die wichtigen Bauteile eines Gebäudes sind Platten, Balken, Stützen, Wände und Fundamente. In Abb. 3.1 werden die Bauteile eines Gebäudes in 3D-Modell dargestellt.

**Balken**

Ein stabförmiges, vorwiegend auf Biegung beanspruchtes Bauteil mit einer

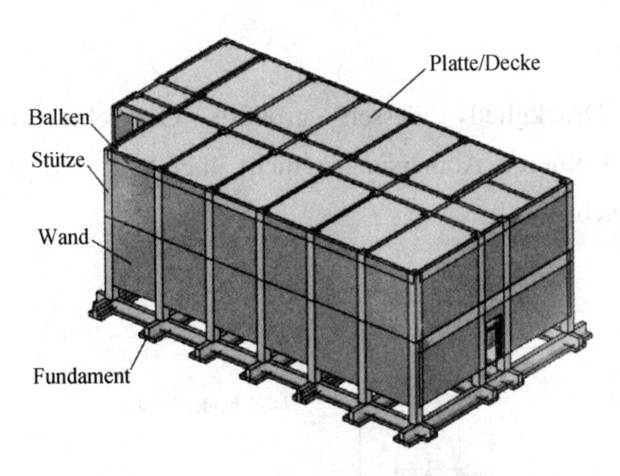


**Abb. 3.1 Bauteile eines Gebäudes (3D-Modell)**

Stützweite von mindestens der dreifachen Querschnittshöhe und einer Querschnitts- bzw. Stegbreite von höchstens der fünffachen Querschnittshöhe.

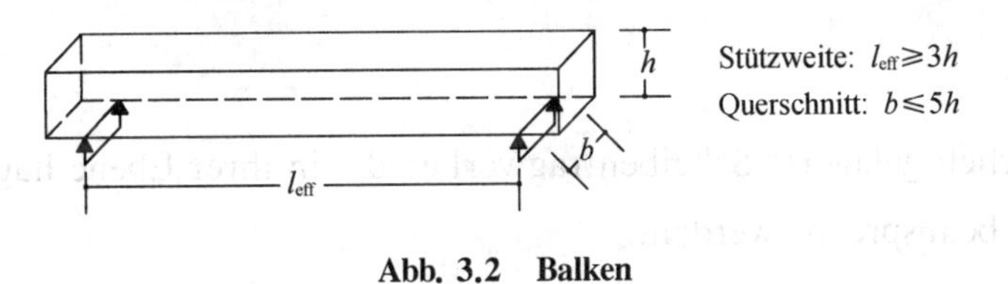


**Abb. 3.2 Balken**

## Platte

Ebenes, durch Kräfte rechtwinklig zur Mittelfläche vorwiegend auf Biegung beanspruchtes, flächenförmiges Bauteil, dessen kleinste Stützweite mindestens das Dreifache seiner Bauteildicke beträgt und mit einer Bauteilbreite von mindestens der fünffachen Bauteildicke.

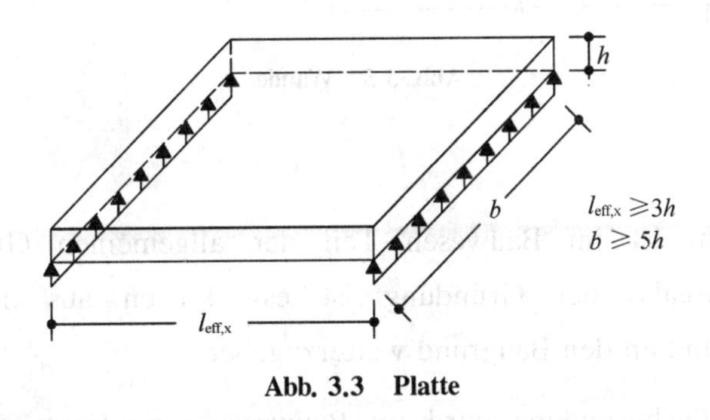


**Abb. 3.3 Platte**

### Stütze

Stabförmiges Druckglied, dessen größere Querschnittsabmessung das Vierfache der kleineren Abmessungen nicht übersteigt und überwiegend auf Druck beansprucht wird.

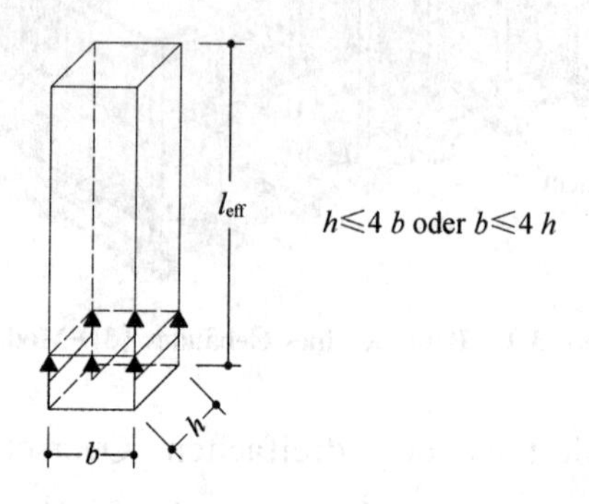


**Abb. 3.4 Stützen**

### Wand

Kontinuierlich gelagerte Scheibentragwerke, die in ihrer Ebene hauptsächlich auf Druck beansprucht werden.

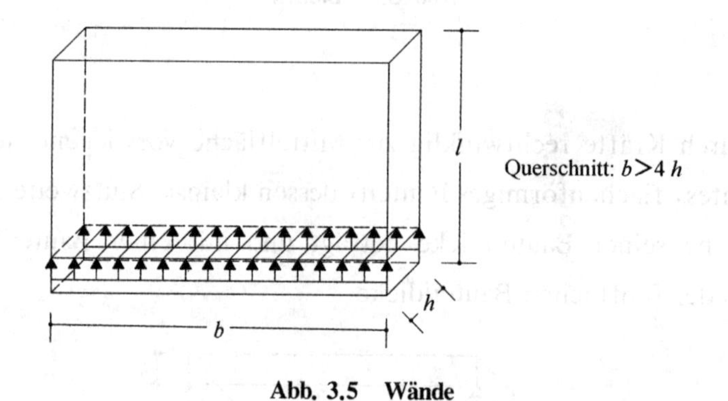


**Abb. 3.5 Wände**

### Fundament

Ein Fundament ist im Bauwesen Teil der allgemeinen Gründung. Die wichtigste Aufgabe der Gründung ist es, Lasten aus dem Bauwerk aufzunehmen und an den Baugrund weiterzugeben.

Unter einer Flachgründung wird im Bauwesen eine Form der Gründung

verstanden, bei der die Bauwerkslasten direkt unterhalb des Bauwerks in den Untergrund geleitet werden. Einzelfundament, Köcherfundament, Streifenfundament und Plattenfundament gehören zu der Flachgründung.

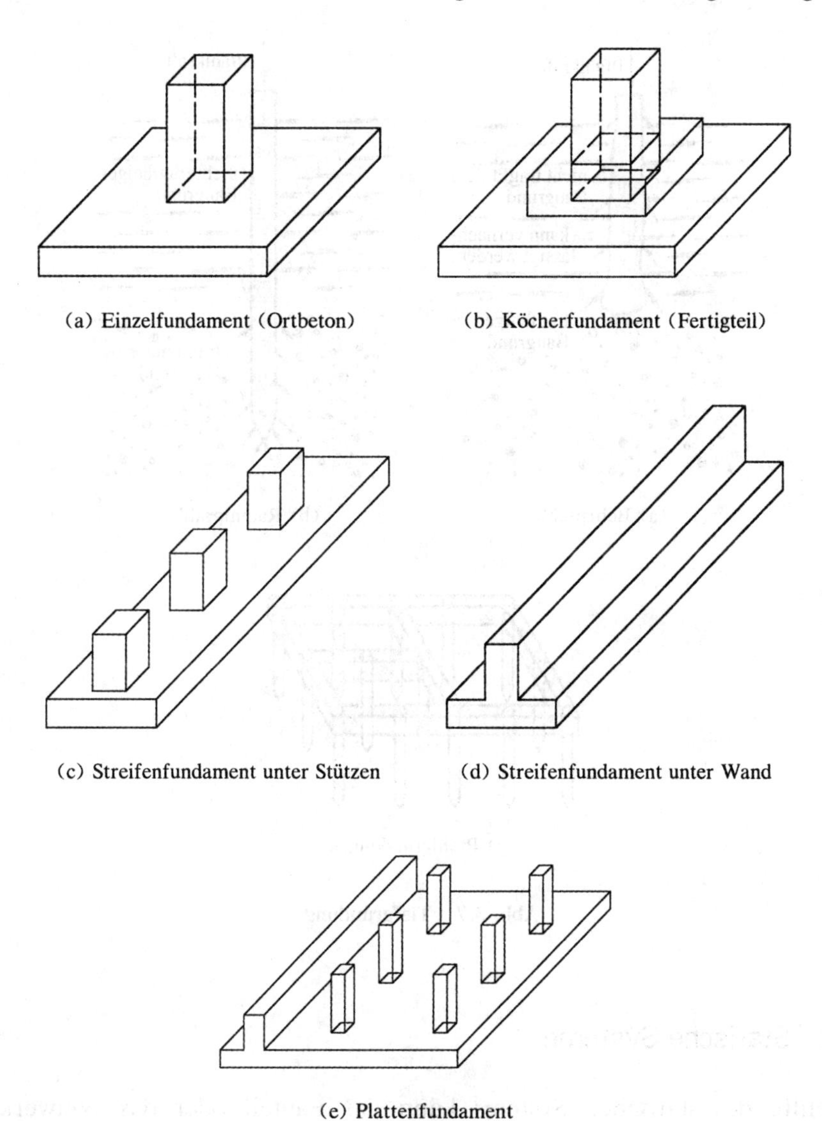

(a) Einzelfundament (Ortbeton)

(b) Köcherfundament (Fertigteil)

(c) Streifenfundament unter Stützen

(d) Streifenfundament unter Wand

(e) Plattenfundament

**Abb. 3.6 Flachgründung**

Die Tiefgründung beschreibt ein Bauverfahren, um die Bauwerkslasten nicht direkt unterhalb des Bauwerks in den Untergrund zu leiten, sondern über zusätzliche senkrechte Elemente tiefer in die Erde abzuleiten und dort abzutragen. Eine Tiefgründung wird dann erforderlich, wenn die oberflächennahen Schichten nicht tragfähig genug sind.

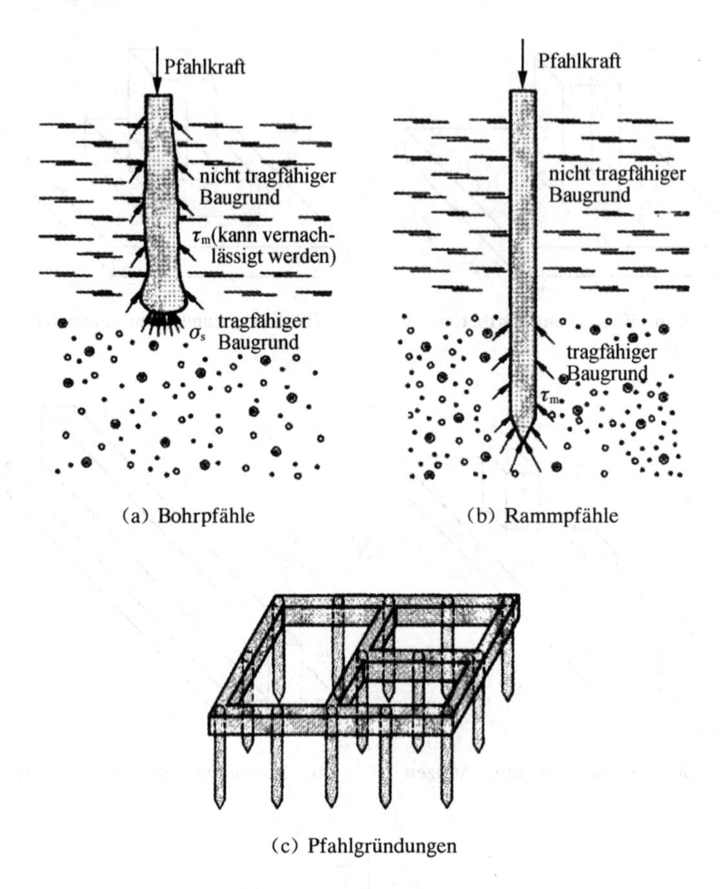

(a) Bohrpfähle (b) Rammpfähle

(c) Pfahlgründungen

**Abb. 3.7 Tiefgründung**

## 3.1.2 Statische Systeme

Mit Hilfe des statischen Systems kann das Bauteil oder das Bauwerk so idealisiert werden, dass eine Berechnung bzw. eine Bemessung möglich ist. Das Tragwerk wird hinsichtlich des Bauteils (ein Balken wird als Linie dargestellt) und der Lagerung vereinfacht dargestellt. In Abb. 3. 8 sind statische Systeme dargestellt.

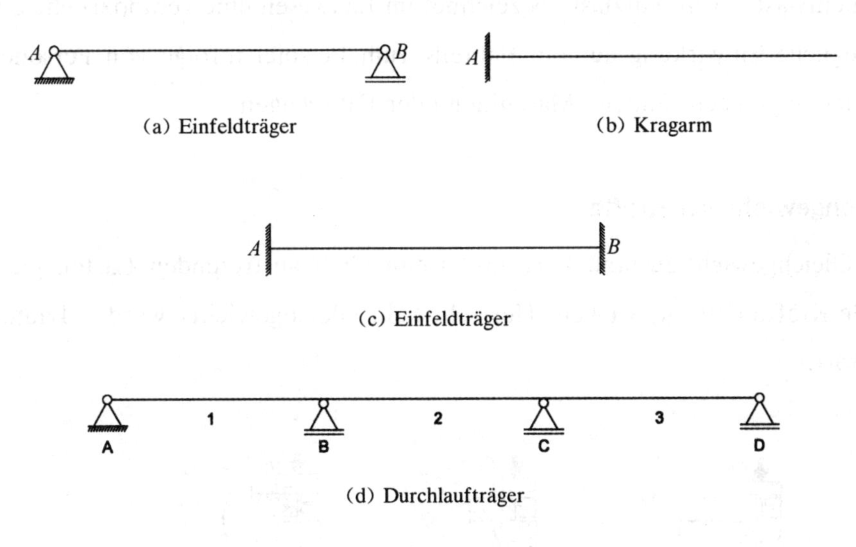


(a) Einfeldträger

(b) Kragarm

(c) Einfeldträger

(d) Durchlaufträger

**Abb. 3.8 Statische Systeme**

### Lagerarten

Bei statischen Systemen gibt es drei verschiedene Lagerarten: Festlager [Abb. 3.8 (a) Lager A], Loslager [Abb. 3.8 (a) Lager B] und feste Einspannung [Abb. 3.8 (b) Lager A]. Eine feste Einspannung ist ein Lager, bei dem alle Verschiebungen und alle Verdrehungen unterbunden sind. Bei einem Festlager sind nur die Verschiebungen unterbunden. Das Loslager unterbindet nur die Verschiebung in einer Richtung.

## 3.1.3 Lasten

Ständige Lasten sind alle dauernd auf das Bauwerk oder Bauteil einwirkende Lasten:

- Eigenlasten der einzelnen Bauteile, wie z. B. Geschossdecke, Deckenputz
- Eigenlasten anderer Bauteile, die von oben einwirken und nach unten übertragen werden müssen, wie z. B. Lasten von Wänden, Decken
- Erd- und Wasserdruck beispielsweise bei Keller- und Stützwänden.

Verkehrslast (auch Nutzlast) bezeichnet im Bauwesen eine veränderliche oder bewegliche Einwirkung auf ein Bauteil, zum Beispiel infolge von Personen, Einrichtungsgegenständen, Maschinen oder Fahrzeugen.

### Gleichgewicht der Kräfte

Ein Gleichgewichtszustand herrscht, wenn allen auftretenden Lasten gleich große Kräfte entgegenwirken. Herrscht kein Gleichgewicht, werden Bauteile zerstört.

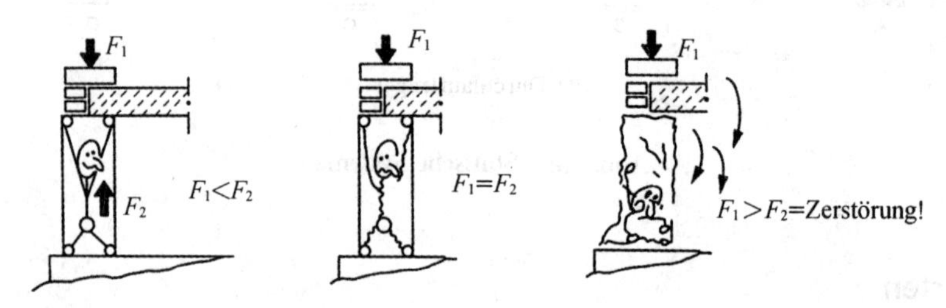


**Abb. 3.9 Gleichgewicht der Kräfte**[1]

### Beanspruchung von Bauteilen durch Lasten

Wirkt eine Kraft auf einen Baukörper ein, so wird dieser belastet. Die Belastungen auf Baukörper sind vielfältig:

- Druckbeanspruchung
- Zugbeanspruchung
- Biegebeanspruchung
- Knickbeanspruchung
- Scherbeanspruchung
- Schubbeanspruchung

| Arten | Druckspannung | Zugspannung | Biegespannung |
| --- | --- | --- | --- |
| Definition | Widerstand gegen Zerdrücken | Widerstand gegen Zerreißen | Widerstand gegen Durchbiegung |

(fortgesetzt)

| Arten | Druckspannung | Zugspannung | Biegespannung |
|---|---|---|---|
| Skizze | | | |

Abb. 3.10 Druckspannung, Zugspannung und Biegespannung[1]

| Arten | Knickbeanspruchung | Scherspannung | Schubspannung |
|---|---|---|---|
| Definition | Widerstand gegen Knicken | 2 Kräfte in einem Bauteil entgegenwirkend | horizontate Kraft, Widerstand gegen Schub |
| Skizze | | | Scher-fläche |

Abb. 3.11 Knickbeanspruchung, Scherspannung und Schubspannung[1]

## Spannungen[1]

Unter Einwirkung einer Last auf ein Bauteil von außen entsteht in dem Bauteil ein Spannungszustand als innerer Widerstand gegen die äußere Last. Dieser Spannungszustand ist abhängig von der Fläche, auf die die Last einwirkt. Wird der innere Widerstand des Bauteils auf die Last zu übertragene Fläche bezogen, spricht man von Spannung.

$$\sigma = F/A \qquad (3.1)$$

| Mit | | | |
|---|---|---|---|
| | $\sigma$ | Spannung | $N/mm^2$ |
| | $F$ | Last | N |
| | $A$ | Querschnittsfläche | $mm^2$ |

## 3.1.4 Einwirkungen und Auswirkungen

### Einwirkungen

Unter Einwirkungen versteht man alle Einflüsse, die in einem Tragwerk Kräfte oder Verformungen hervorrufen.

Mögliche Einwirkungen ( = Lasten) sind:

- Eigengewicht (g, G)
- Nutzlasten (q, Q)
- Wind
- Schnee
- Erd- u. Wasserdruck
- Zwänge (aus Temperaturänderung, Auflagersenkung)
- Erdbeben
- Außergewöhnliche Einwirkungen (Brand, Explosion, Anprall, etc.)
- Chemische und physikalische Umwelt

### Auswirkungen

Auswirkungen infolge der Einwirkungen nennt man auch Schnittgrößen. Die sind z.B. Normalkräfte, Querkräfte, Biegemomente und Torsionsmomente.

## 3.1.5 Grenzzustand

Der Übergang vom Nichtversagen zu Versagen. Versagen bedeutet nicht nur Einsturz eines Bauwerks, sondern auch Erreichen definierter Verformungen (z.B. Durchbiegung, Rissbreite ...).

### Grenzzustand der Tragfähigkeit (GZT)

Bruchzustand: Dieser Grenzzustand ist erreicht, wenn ein Bauwerk oder ein Bauteil seine Tragfähigkeit verliert, z.B. Einsturz. Das bedeutet, dass die Auswirkungen auf das Bauteil größer sind als der Widerstand des Bauteils.

### Grenzzustand der Gebrauchstauglichkeit (GZG)

Gebrauchszustand: Einer der Grenzzustände ist erreicht, wenn die vorgesehene Nutzung eines Bauwerks oder eines Bauteils eingeschränkt wird, z.B. wegen großer Verformungen, breiter Risse, etc.

## Ⅰ. Übung

1. Welche stabförmigen Bauteile und flächenförmigen Bauteile gibt es? Nennen Sie jeweils zwei Beispiele.

2. Welche Lagerarten gibt es? Wie kann man die Lagerarten unterscheiden?

3. Erklären Sie bitte die Begriffe Einwirkungen und Auswirkungen.

## Ⅱ. Wörterliste

| | | |
|---|---|---|
| die | Abmessung, -en | 尺寸 |
| der | Anprall, -e | 碰撞 |
| die | Auflagersenkung, -en | 支座沉降 |
| | aufnehmen | 承受;吸收 |
| | außergewöhnliche Einwirkungen | 偶然荷载 |
| die | Auswirkung, -en | 内力 |
| der | Balken,- | 梁 |
| der | Baugrund, -gründe | 地基 |
| der | Baukörper, - | 建筑物 |
| das | Bauteil, -e | 构件 |
| die | Beanspruchung, -en | 荷载;受力 |
| die | Belastung, -en | 荷载 |
| die | Biegebeanspruchung, -en | 受弯 |
| das | Biegemoment, -e | 弯矩 |
| die | Biegung, -en | 弯曲 |
| der | Bohrpfahl, -pfähle | 钻孔灌注桩 |
| der | Brand, Brände | 火灾 |

| | | |
|---|---|---|
| der | Bruchzustand, -stände | 破坏状态 |
| der | Druck, Drücke | 压力 |
| die | Druckbeanspruchung, -en | 受压 |
| das | Druckglied, -er | 压杆 |
| die | Durchbiegung, -en | 挠度 |
| der | Durchlaufträger, - | 连续梁 |
| das | Eigengewicht, -e | 自重 |
| die | Eigenlast, -en | 自重 |
| der | Einfeldträger, - | 单跨梁 |
| die | Einspannung, -en | 固定支座 |
| der | Einsturz, -stürze | 坍塌 |
| die | Einwirkung, -en | 荷载;作用 |
| das | Einzelfundament, -e | 独立基础 |
| | entgegenwirken | 抵抗 |
| das | Erdbeben, - | 地震 |
| der | Erddruck, -drücke | 土压力 |
| die | Explosion,- en | 爆炸 |
| das | Fahrzeug, -e | 车 |
| das | Festlager, - | 固定铰支座 |
| | flächenförmig | 面状的 |
| die | Flachgründung, -en | 浅基础 |
| das | Fundament, -e | 基础 |
| die | Geländekante, -n | 地平线,地面 |
| die | Geschossdecke, -n | 楼板 |
| das | Gleichgewicht, -e | 平衡 |
| der | Grenzzustand, -stände | 极限状态 |
| | Grenzzustand der Gebrauchstauglichkeit | 正常使用极限状态 |
| | Grenzzustand der Tragfähigkeit | 承载能力极限状态 |
| die | Gründung, -en | 基础 |
| | hauptsächlich | 主要的 |
| der | Holzbau, nur Sg. | 木结构 |

| | | |
|---|---|---|
| der | Keller, - | 地下室 |
| die | Knickbeanspruchung, -en | 失稳受力 |
| das | Köcherfundament, -e | 杯形基础 |
| | kontinuierlich | 持续的,连续的 |
| der | Kragarm, -e | 悬臂梁 |
| das | Lager, - | 支座 |
| die | Lagerart, -en | 支座类型 |
| das | Loslager, - | 辊轴支座 |
| der | Mauerwerksbau, nur Sg. | 砌体结构 |
| die | Normalkraft, -kräfte | 轴力 |
| die | Nutzlast, -en | 使用荷载 |
| die | Pfahlgründung, -en | 桩基础 |
| die | Platte, -n | 板 |
| das | Plattenfundament, -e | 筏形基础 |
| die | Querkraft, -kräfte | 剪力 |
| die | Querschnittsabmessung, -en | 横截面尺寸 |
| der | Rammpfahl, -pfähle | 锤击桩 |
| | rechtwinklig | 直角的 |
| der | Riss, -e | 裂缝 |
| das | Scheibentragwerk,-e | 薄壁承载结构 |
| die | Scherbeanspruchung, -en | 受剪 |
| der | Schnee, nur Sg. | 雪 |
| die | Schnittgröße, -n | 内力 |
| die | Schubbeanspruchung, -en | 受剪 |
| | senkrecht | 垂直的 |
| die | Spannung, -en | 应力 |
| | stabförmig | 杆状的 |
| | ständige Lasten | 恒载 |
| der | Stahlbau, nur Sg. | 钢结构 |
| der | Stahlbetonbau, nur Sg. | 钢筋混凝土结构 |

| | | |
|---|---|---|
| das | statische System, statische Systeme | (静)力学系统 |
| die | Stegbreite, -n | 腹板宽度 |
| das | Streifenfundament, -e | 条形基础 |
| die | Stütze, -n | 柱;支座 |
| die | Stützwand, -wände | 挡土墙 |
| die | Stützweite, -n | 跨度 |
| die | Temperaturänderung, -en | 温度变化 |
| der | Tiefbau, nur Sg./-ten | 地下工程 |
| die | Tiefgründung, -en | 深基础 |
| das | Torsionsmoment, -e | 扭矩 |
| die | Tragfähigkeit, -en | 承载能力 |
| | übertragen | 传递 |
| | überwiegend | 主要的 |
| die | Verdrehung, -en | 旋转 |
| die | Verformung, -en | 形变 |
| das | Versagen, nur Sg. | 失效 |
| die | Verschiebung, -en | 位移 |
| | vorwiegend | 主要的 |
| die | Wand, Wände | 墙 |
| der | Wasserdruck, -drücke | 水压力 |
| der | Widerstand, -stände | 抗力;抵抗 |
| der | Wind, -e | 风 |
| | zerstören | 破坏 |
| die | Zugbeanspruchung, -en | 受拉 |
| der | Zwang, Zwänge | 约束 |

## 3.2 Stahlbetonbau[1]

Stahlbeton ist ein Verbundbaustoff aus Stahl und Beton. Dabei ergänzen sich die beiden Baustoffe hinsichtlich ihrer wichtigsten Eigenschaft: Beton ist hoch druckfest, Stahl hoch zugfest. Der Beton nimmt die Druck-, der Stahl die Zugkräfte auf. Voraussetzungen für die Tragfähigkeit des Baustoffs Stahlbeton ist ein dauerhafter und fester Verbund von Stahl und Beton.

## Betondeckung

Die Betondeckung hat neben dem Schutz der Bewehrung vor Korrosion auch die Aufgabe, die Stahleinlagen im Brandfall vor Brandeinwirkungen zu schützen. Das Nennmaß der Betondeckung $c_{nom}$ (in mm) ergibt sich aus der Mindestbetondeckung $c_{min}$ (in mm) plus dem Vorhaltemaß $\Delta c$ (in mm): $c_{nom} = c_{min} + \Delta c$.

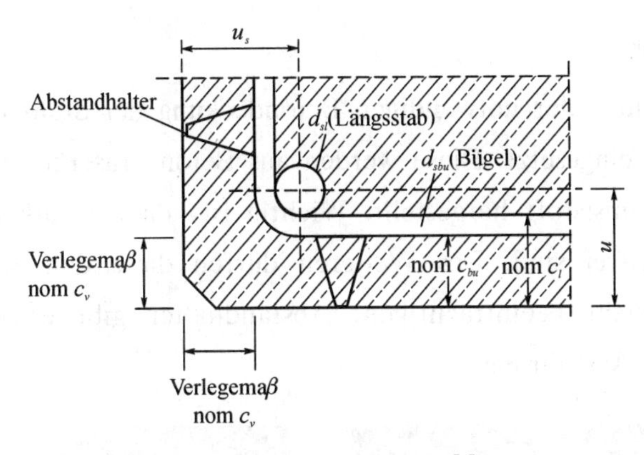


**Abb. 3.12 Betondeckung**[1]

Die Mindestwerte der Betondeckung sind abhängig von den Expositionsklassen und dem Stabdurchmesser (siehe Tab. 3.1).

**Tab. 3.1 Mindestwerte der Betondeckung in Abhängigkeit von den Expositionsklassen und dem Stabdurchmesser**[1]

| Expositionsklasse | Stabdurchmesser $d_s$ in mm | Mindestmaß $c_{min}$ in cm | Vorhaltemaß $\Delta c$ in cm | Nennmaß $c_{nom}$ in cm |
|---|---|---|---|---|
| XC1 | bis 10 | 1,0 | 1,0 | 2,0 |
| | 12,14 | 1,5 | | 2,5 |
| | 16,20 | 2,0 | | 3,0 |
| | 25 | 2,5 | | 3,5 |
| | 28 | 3,0 | | 4,0 |

(fortgesetzt)

| Expositionsklasse | Stabdurchmesser $d_s$ in mm | Mindestmaß $c_{min}$ in cm | Vorhaltemaß $\Delta c$ in cm | Nennmaß $c_{nom}$ in cm |
|---|---|---|---|---|
| XC2, XC3 | bis 20 | 2,0 | 1,5 | 3,5 |
| | 25 | 2,5 | | 4,0 |
| | 28 | 3,0 | | 4,5 |
| XC4 | bis 25 | 2,5 | 1,5 | 4,0 |
| | 28 | 3,0 | | 4,5 |
| XD1, XD2, XD3 | bis 28 | 4,0 | | 5,5 |
| XS1, XS2, XS3 | bis 28 | 4,0 | | 5,5 |

## Abstandhalter

Zur Sicherstellung der notwendigen Betondeckung der Stahleinlagen werden Abstandhalter eingesetzt. Diese werden aus Beton, faserbewehrtem Mörtel, Metall oder Kunststoff hergestellt. Wichtig ist, dass sie alkalisch beständig und korrosionsfrei sind. Des Weiteren dürfen diese den Korrosions- und Brandschutz nicht beeinträchtigen. Abstandhalter gibt es in punkt- und linienförmiger Ausführung.

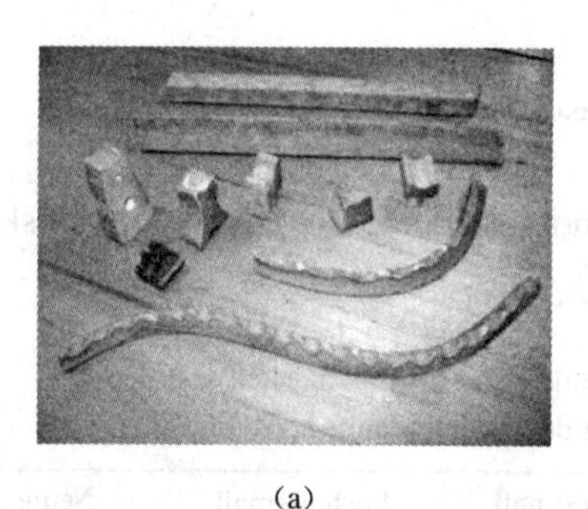

(a)

(b)

**Abb. 3.13 Arten von Abstandhalter: (a) aus Beton (b) aus Kunststoff**[1]

## Betonstahl

Für den Einsatz im Stahlbetonbau ist die Zugfestigkeit des Stahls die entscheidende Größe. Diese wird festgestellt im Zugversuchen. Man nennt Betonstahl auch Bewehrung.

Betonstahl wird als Betonstabstahl (S), Betonstahlmatte (M) und Bewehrungsdraht hergestellt.

**Betonstabstahl** (S) wird in Stäben für die Einzelstabbewehrung angeboten. Die Oberfläche von Betonstabstahl ist gerippt. Dadurch erreicht man einen besseren Haftverbund im Beton.

**Betonstahlmatten** (M) bestehen aus sich kreuzenden Stäben, die werkseitig durch Punktschweißung miteinander verbunden sind. Dabei wird zwischen R- und Q-Matten unterschieden.

① Q-Matten (Abb. 3.14): Diese haben Tragstäbe in Längs- und Querrichtung mit jeweils gleichem Querschnitt. Es ergeben sich also quadratische Maschenfelder. Deshalb werden Q-Matten für zweiachsig gespannte Bauteile eingesetzt.

② R-Matten (Abb. 3.15): Die Tragstäbe befinden sich nur in Längsrichtung. Die Querstäbe haben eine wesentlich geringere Querschnittsfläche (ca. 1/5) und liegen weiter auseinander. Die Maschenfelder sind rechteckig. R-Matten werden für einachsig gespannte Bauteile verwendet.

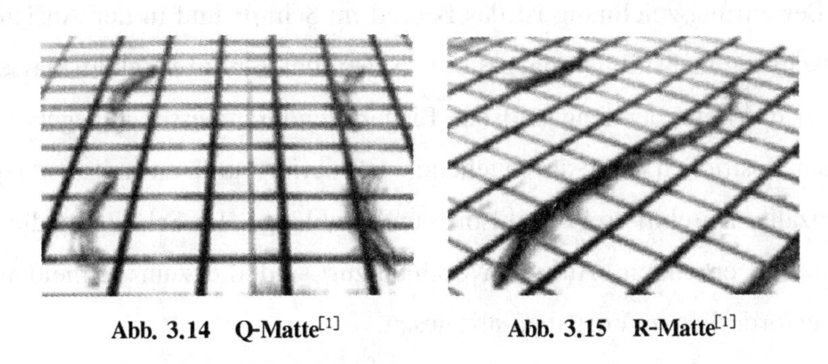

**Abb. 3.14 Q-Matte**[1] **Abb. 3.15 R-Matte**[1]

Betonstabstahl wird bei allen Stahlbetonbauteilen verwendet, z.B. bei einem Stahlbetonbalken. Bei einem Stahlbetonbalken besteht ein Bewehrungskorb aus geraden Tragstäben (Längsbewehrung), aufgebogenen Tragstäben, Bügel und Montagestäben. Die Zugspannungen im Bauteil werden durch die Tragstäbe, die Schubspannungen durch die Aufbiegungen und die Bügel und die Druckspannungen vom Beton aufgenommen. Die Montagestäbe dienen der

Justierung der Bügel. Sie übernehmen keine statische Funktion. Allerdings wird heute auf das Aufbiegen von Stäben verzichtet. Deren Funktion wird von dem Bügel übernommen.

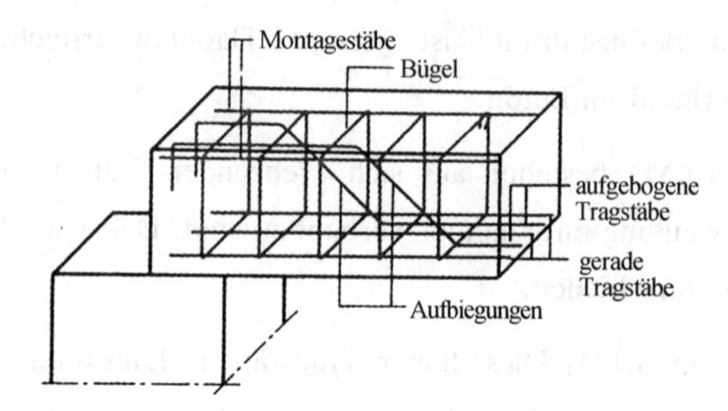


**Abb. 3.16 Bewehrungskorb eines Stahlbetonbalkens**[1]

Die Betonstahlmatten werden bei flächenförmigen Bauteilen wie z.B. Platten verwendet.

Grundlagen für die Herstellung der Bewehrung ist die Bewehrungszeichnung mit der Stahlliste.

In der Bewehrungszeichnung ist das Bauteil im Schnitt und in der Ansicht mit der Bewehrung maßstäblich dargestellt. Neben der Betonfestigkeitsklasse sind u.a. auch die Betondeckung und der Biegerollendurchmesser angegeben. Die einzelnen Positionen sind durchgehend nummeriert und enthalten Angaben über Anzahl, Durchmesser, Stahlsorte und Stablänge. Im Schnitt ist die Lage der Stäbe zu erkennen. Aus dem Stahlauszug sind die zum Schneiden und Biegen erforderlichen Vorgaben abzulesen.

### Verankerung

Um eine bestmögliche Übertragung der vom Stahl aufgenommenen Kräfte in den Beton zu ermöglichen, erhalten die Bewehrungsstäbe an ihren Enden Verankerungen. Diese sollten möglichst im Druckbereich des Betons liegen. Verankerungsmöglichkeiten sind in Tab. 3.2 dargestellt.

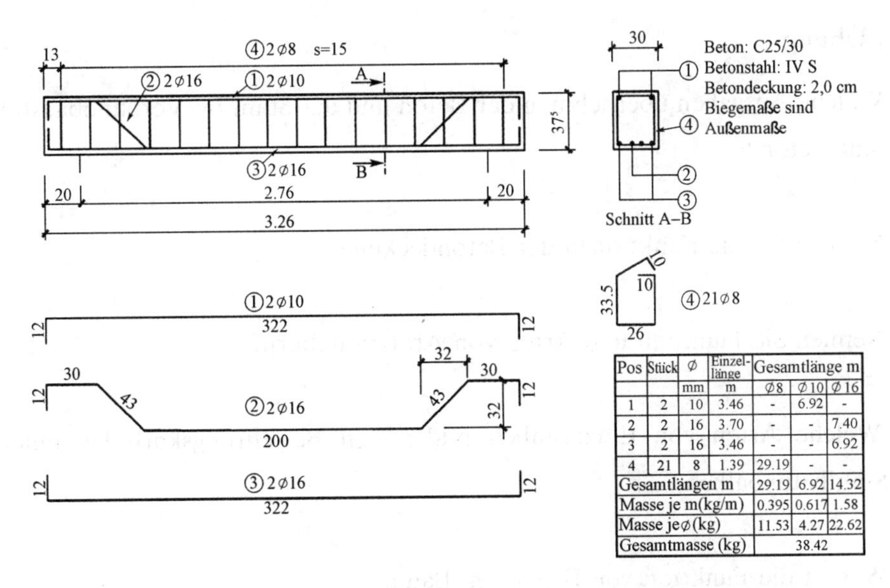


| Pos | Stück | ⌀ | Einzel-länge | Gesamtlänge m | | |
|---|---|---|---|---|---|---|
| | | mm | m | ⌀8 | ⌀10 | ⌀16 |
| 1 | 2 | 10 | 3.46 | - | 6.92 | - |
| 2 | 2 | 16 | 3.70 | - | - | 7.40 |
| 3 | 2 | 16 | 3.46 | - | - | 6.92 |
| 4 | 21 | 8 | 1.39 | 29.19 | - | - |
| Gesamtlängen m | | | | 29.19 | 6.92 | 14.32 |
| Masse je m(kg/m) | | | | 0.395 | 0.617 | 1.58 |
| Masse je⌀(kg) | | | | 11.53 | 4.27 | 22.62 |
| Gesamtmasse (kg) | | | | 38.42 | | |

**Abb. 3.17 Bewehrungszeichnung mit Stahlliste**[1]

**Tab. 3.2 Verankerungsmöglichkeiten**[1]

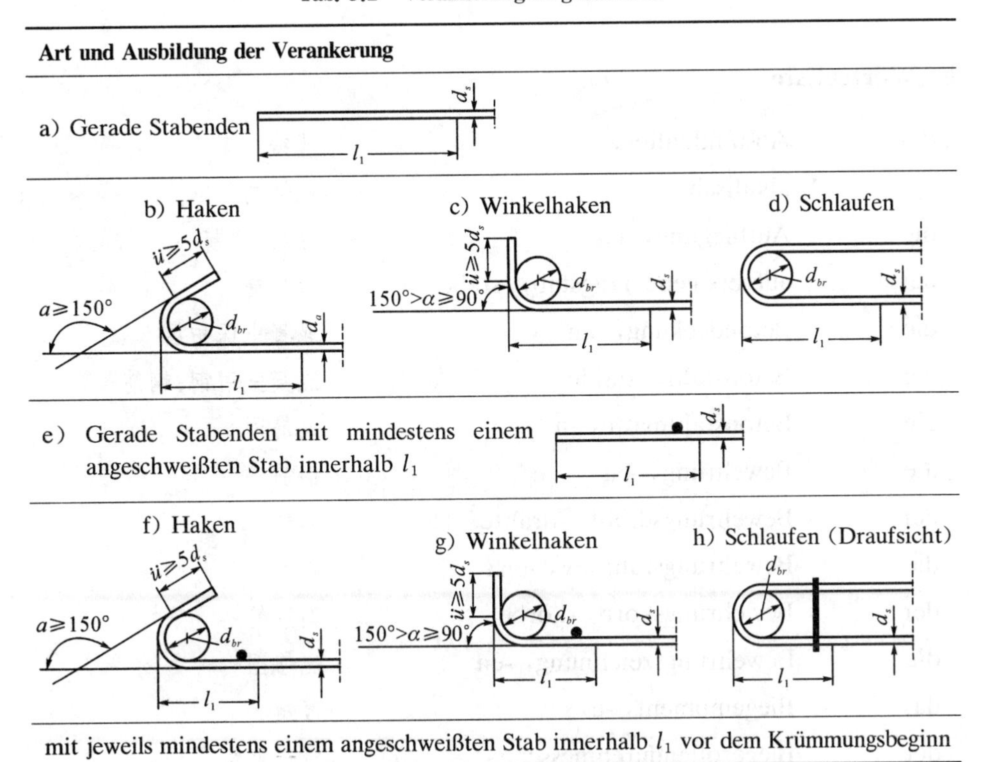

| **Art und Ausbildung der Verankerung** | | |
|---|---|---|
| a) Gerade Stabenden | | |
| b) Haken | c) Winkelhaken | d) Schlaufen |
| e) Gerade Stabenden mit mindestens einem angeschweißten Stab innerhalb $l_1$ | | |
| f) Haken | g) Winkelhaken | h) Schlaufen (Draufsicht) |
| mit jeweils mindestens einem angeschweißten Stab innerhalb $l_1$ vor dem Krümmungsbeginn | | |

## Ⅰ. Übung

1. Welche Aufgaben übernehmen der Beton und der Stahl im Verbundbaustoff Stahlbeton?

2. Nennen Sie die Funktionen der Betondeckung.

3. Nennen Sie Funktion und Arten von Abstandhaltern.

4. Welche Arten von Einzelstäben bilden den Bewehrungskorb bei einem Stahlbetonbalken?

5. Was ist die Funktion von Bügeln im Bauteil?

6. Wie versteht man unter Verankerung?

## Ⅱ. Wörterliste

| | | |
|---|---|---|
| der | Abstandhalter, - | 马镫 |
| | alkalisch | 碱性的 |
| die | Aufbiegung, -en | 弯屈,弯起 |
| der | aufgebogene Tragstab, -stäbe | 弯起筋 |
| die | Betondeckung, -en | 混凝土保护层 |
| der | Betonstahl, -stähle | 混凝土用钢;钢筋 |
| die | Betonstahlmatte, -n | 钢筋网 |
| die | Bewehrung, -en | 钢筋 |
| der | Bewehrungsdraht, -drähte | 钢丝 |
| die | Bewehrungsführung, -en | 布筋 |
| der | Bewehrungskorb, -körbe | 钢筋笼 |
| die | Bewehrungszeichnung, -en | 配筋图 |
| das | Biegemoment, -e | 弯矩 |
| der | Biegerollendurchmesser, - | 弯辊直径 |

| | | |
|---|---|---|
| die | Brandeinwirkung, -en | 火灾作用 |
| der | Brandfall, -fälle | 火灾事件 |
| der | Brandschutz, nur Sg. | 防火 |
| der | Bügel, - | 箍筋 |
| | druckfest | 抗压的 |
| | einachsig gespannte Platte, -n | 单向板 |
| die | Expositionsklasse, -n | 环境等级 |
| | faserbewehrt | 纤维增强的 |
| der | gerade Tragstab, -stäbe | 纵筋;受力筋 |
| | gerippt | 带肋的 |
| die | Haftung, -en | 粘结 |
| die | Korrosion, -en | 侵蚀;锈蚀;生锈 |
| | korrosionsfrei | 耐锈蚀的 |
| der | Kunststoff, -e | 塑料 |
| die | Längsbewehrung, -en | 纵筋 |
| die | Längsrichtung, -en | 纵向 |
| das | Metall, -e | 金属 |
| der | Montagestab, -stäbe | 架立筋 |
| der | Mörtel, - | 砂浆 |
| das | Nennmaß, -e | 公称尺寸 |
| die | Position, -en | (钢筋)编号 |
| die | Punktschweißung, -en | 点焊 |
| die | Querkraft, -kräfte | 剪力 |
| die | Querrichtung, -en | 横向 |
| der | Stabdurchmesser, - | 钢筋直径 |
| der | Stahlauszug, -e | 钢筋详图 |
| der | Stahlbeton, nur Sg. | 钢筋混凝土 |
| die | Stahleinlage, -n | 钢筋 |
| die | Stahlliste, -n | 钢筋列表 |
| die | Stahlmatte, -n | 钢筋网 |
| die | Übertragung, -en | 传递 |

| | | |
|---|---|---|
| die | Verankerung, -en | 锚固 |
| der | Verbundbaustoff, -e | 复合材料 |
| das | Versagen,nur Sg. | 失效 |
| das | Vorhaltemaß, -e | 误差容许值 |
| | zugfest | 抗拉的 |
| die | Zugfestigkeit, -en | 抗拉强度 |
| | zweiachsig gespannte Platte, -n | 双向板 |

## 3.3 Stahlbau

### 3.3.1 Einführung in die Stahlbauweise

Heutzutage wird der Baustoff Stahl sehr häufig für die Gestaltung von filigranen und leichten Tragwerken verwendet. Viele Bauwerke können aus Stahl hergestellt werden, z. B. Stadien, Brücken, Hochhäuser und Windkraftanlagen. In Abb. 3.18 ist das Nationalstadion in Peking dargestellt, dessen markante Dachform durch die Verwendung von vorverformten, sich kreuzenden Stahlprofilen erzielt wird.

**Abb. 3.18 Nationalstadion in Peking aus Stahl**

[*Quelle*: *www.woai-china.com*]

Im Bauwesen kommen verschiedene Stahlformen und Stahlerzeugnisse zum Einsatz. z.B. Bleche, Stangen und Rohre sowie Walzprofile (siehe Abb. 3.19). Die unterschiedlichen Profilformen werden entsprechend der Anforderungen an den Lastabtrag gewählt. Stützen, die Druckkräfte abtragen, werden beispielsweise gern aus Quadrathohlprofilen oder Kreishohlprofilen hergestellt. Für den Abtrag von Biegemomenten sich diese Querschnitte allerdings nicht so optimal. Hierzu werden eher die sog. I- oder H-Profile eingesetzt. Solche Querschnitte bestehen aus drei Querschnittsteilen: zwei Flansche, die über einen mittigen Steg miteinander verbunden sind (siehe Abb. 3.20).

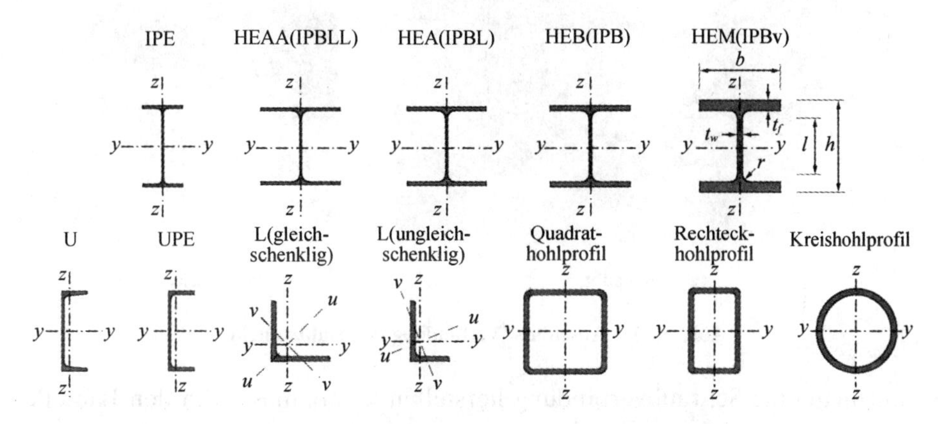


Abb. 3.19 Stahlerzeugnisse, Querschnittsformen

## Walz- und Schweißprofile

Die Profile können unterschiedlich hergestellt werden. Die Stahlträger können entweder durch einen Walzprozess aus einem Stück geformt werden oder man kann sie durch aus mehreren Stücken zusammen, die miteinander verschweißt werden. Je nach Herstellprozess zeigt der Übergang vom Steg zum Flansch beim Walzprofil eine Ausrundung, beim Schweißprofil dagegen eine Schweißnaht.

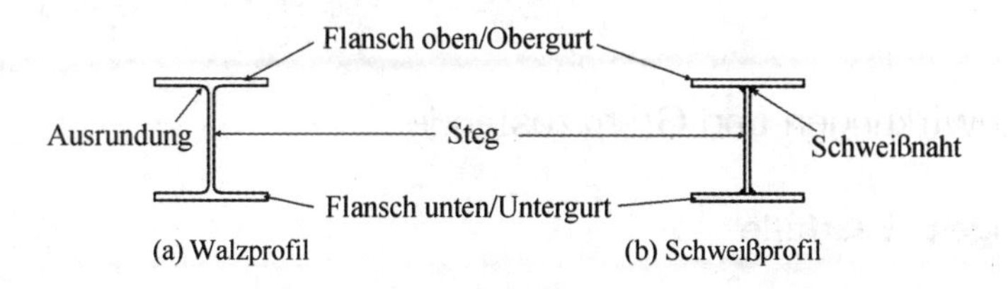


Abb. 3.20 Walz- und Schweißprofil

**Anschluss/Verbindung**

Ein Tragwerk kann nur entstehen, wenn verschiedene Bauteile miteinander verbunden werden. Um die Bauteile aus Stahl miteinander zu verbinden, gibt es verschiedene Möglichkeiten. Die zwei am häufigsten angewendeten Verbindungsarten sind Schraubverbindungen und Schweißverbindungen.

(a) geschaubt

(b) geschweißt

**Abb. 3.21 Anschluss/Verbindung der Stahlbauteile**

Damit man eine Schraubverbindung herstellen kann, müssen in den Bauteilen zunächst Bohrungen (Löcher) eingebracht werden. Durch diese Löcher werden dann die Schrauben hindurchgeführt und mit einer sog. Schraubenmutter werden die verbundenen Bleche dann zusammengedrückt und die Verbindung dadurch wirksam. Bein einer Schweißverbindung werden die Bleche direkt miteinander verbunden. Dazu wird an der Verbindungsstelle durch eine örtlich hohe Erwärmung das Material zum Schmelzen gebracht. In das aufgeschmolzene Material wird dann noch weiteres Metall hinzugeführt. Nach der Abkühlung ist eine kraftschlüssige Verbindung entstanden.

## 3.3.2 Einwirkungen und Grenzzustände

**Einwirkungen, Lastfälle**

Auf die Tragwerke einwirkende Lasten nennt man Einwirkungen. Die verschiedenen Lasten werden in ständige Lasten und veränderliche Lasten unterteilt. Das Eigengewicht der Bauteile zählt zu den ständigen Lasten. Diese Einwirkung ist ständig vorhanden, unabhängig von der Nutzung des Tragwerks. Die veränderlichen Einwirkungen sind z. B. Nutzlasten, Verkehrslasten, Schnee- und Eislasten, Windlasten, Baugrundsetzungen usw. Diese hängen von der Nutzung ab und verändern sich deshalb im Laufe der Zeit.

### Sicherheitsbeiwerte

Bei der Berechnung der Bemessungswerte müssen Sicherheitsbeiwerte berücksichtigt werden, da die Einwirkungen eine gewisse Zufälligkeit haben. Die Sicherheitsbeiwerte für die Einwirkungen werden normalerweise unterschiedlich für ständige und veränderliche Lasten angesetzt.

Lasten ohne Sicherheitsfaktor nennt man charakteristische Werte und Lasten mit Sicherheitsfaktor nennt man Bemessungswerte. Beispielsweise für eine Einzellast als ständige Last:

$$G_{\mathrm{Ed}} = \gamma_G \cdot G_k \tag{3.2}$$

Zusätzlich zu den Sicherheitsbeiwerten für die Einwirkungen gibt es auch Sicherheitsbeiwerte für die Materialien.

$$f_{\mathrm{yd}} = f_{\mathrm{yk}} / \gamma_M \tag{3.3}$$

Der Materialkennwert der Streckgrenze $f_y$ wird mit Sicherheitsbeiwerten $\gamma_M$ beaufschlagt um Unsicherheiten zu berücksichtigen. Der Sicherheitsbeiwert für Stahl ist $\gamma_M = 1{,}0$. Somit wird der Widerstand durch diesen Beiwert nicht verringert. Das hat mit dem Herstellprozess zu tun, bei dem sichergestellt ist, dass die geforderten Werte nicht unterschritten werden.

### Kombinationsbeiwerte

Wenn mehr als zwei veränderliche Lasten gleichzeitig auftreten, müssen Bauteile für die ungünstigste Kombination der einwirkenden Lasten ausgelegt werden. Da man aber nicht davon ausgehen muss, dass alle veränderlichen Lasten gleichzeitig mit ihren Maximalwerten auftreten, werden sog. Kombinationsbeiwerte $\psi$ verwendet, die die Lastwirkung etwas abmindern.

| **1.3 Kombinationsbeiwerte $\psi_i$** (Hochbau) | | | |
|---|---|---|---|
| Veränderliche Einwirkung | $\psi_0$ | $\psi_1$ | $\psi_2$ |
| **Nutzlasten $Q_{k,N}$** | | | |
| Kategorie A: Wohn- und Aufenthaltsräume | 0,7 | 0,5 | 0,3 |
| Kategorie B: Büros | 0,7 | 0,5 | 0,3 |
| Kategorie C: Versammlungsräume | 0,7 | 0,7 | 0,6 |
| Kategorie D: Verkaufsräume | 0,7 | 0,7 | 0,6 |
| Kategorie E: Lagerräume | 1,0 | 0,9 | 0,8 |
| **Verkehrslasten $Q_{k,V}$** | | | |
| Kategorie F: Verkehrsflächen, Fahrzeuglast $\leqslant$ 30 kN | 0,7 | 0,7 | 0,6 |
| Kategorie G: Verkehrsflächen. 30 kN $\leqslant$ Fahrzeuglast $\leqslant$ 160 kN | 0,7 | 0,5 | 0,3 |
| Kategorie H: Dächer | 0 | 0 | 0 |
| **Schnee und Eislasten $Q_{k,S}$** | | | |
| Orte bis NN +1 000 m | 0,5 | 0,2 | 0 |
| Orte über NN +1 000 m | 0,7 | 0,5 | 0,2 |
| **Windlasten $Q_{k,W}$** | 0,6 | 0,2 | 0 |
| **Baugrundsetzungen $Q_{k,A}$** | 1,0 | 1,0 | 1,0 |
| **Sonstige Einwirkungen** | 0,8 | 0,7 | 0,5 |

**Abb. 3.22 Kombinationsbeiwerte**

[*Quelle: www.mbaec.de/tafel*]

## Grenzzustände

Die Bemessung und der Nachweis von Bauteilen erfolgt über Grenzzustände.

Der Grenzzustand ist der Zustand, bei dessen Überschreitung das Tragwerk die Entwurfsanforderungen nicht länger erfüllt. Bei der Bemessung des Stahlbaus werden die Nachweise im Grenzzustand der Tragfähigkeit (GZT) und im Grenzzustand der Gebrauchstauglichkeit (GZG) durchgeführt. Bei den

Nachweisen GZT und GZG darf die jeweilige Einwirkungsseite die Widerstandsseite nicht überschreiten. Auf der Einwirkungsseite berechnet man normalerweise die verschiedenen Schnittgrößen, die sich aus den Einwirkungen am Tragwerk ergeben. Die Widerstandsseite ist material- und querschnittsabhängig. Es ist wichtig ist, dass auf beiden Seiten immer die Sicherheitsbeiwerte berücksichtigt werden.

Im Grenzzustand der Tragfähigkeit (GZT) haben wir nachgewiesen, dass eine Konstruktion nicht versagt (kaputt geht) und die Struktur auch nachweislich ausreichend sicher ist. Es geht also dabei um die Sicherheit der Menschen:

Einwirkungen $\leqslant$ Widerstand

$$E_k \gamma_F = E_d \leqslant R_d = \frac{R_k}{\gamma_M} \tag{3.4}$$

Davon ist $E_k$ der charakteristische Wert (z.B. Schnittgrößen: Längskräfte N, Momente M, Querkräfte V, Verformungen s, Spannungen $\sigma$, Temperaturen T, Schwingungen usw.). $\gamma_F$ ist der Teilsicherheitsbeiwert (F für Force) und $E_d$ der Bemessungswert (d für Design).

Nicht alle Lasten treten gleichzeitig mit ihren Extremwerten auf. Man darf bei einer Kombination von Lasten deshalb einen Kombinationsbeiwert berücksichtigen.

Die gesamte Bemessungslast eines Systems setzt sich aus Lasten, Sicherheits- und Kombinationsbeiwerten zusammen:

$$E_d = \sum_{j \geqslant 1} \gamma_{G,j} \cdot G_{k,j} + \gamma_{Q,1} \cdot Q_{k,1} + \sum_{i > 1} \gamma_{Q,i} \cdot \psi_{0,i} \cdot Q_{k,i} \tag{3.5}$$

$G_k$ sind die ständige Einwirkungen (Eigengewicht); $Q_{k,1}$ ist die führende veränderliche Einwirkung, die die jeweils max. veränderliche Einwirkung an der Bemessungsstelle dargestellt; $Q_{k,i}$ sind die weitere veränderliche Einwirkungen; $\gamma$ sind die Teilsicherheitsfaktoren und $\psi$ die Kombinationsbeiwerte.

Teilsicherheitsbeiwerte der Einwirkungsseite:

- ständige Einwirkungen (ungünstige Wirkung) $\gamma_G = 1{,}35$
- ständige Einwirkungen (günstige Wirkung) $\gamma_G = 1{,}0$
- veränderliche Einwirkung (ungünstige Wirkung) $\gamma_Q = 1{,}5$
- veränderliche Einwirkung (günstige Wirkung) $\gamma_Q = 0$

Im Grenzzustand der Gebrauchstauglichkeit GZG geht es darum, dass man ein Bauwerk auch entsprechend der gestellten Anforderungen benutzen kann. Dabei ist es zum Beispiel wichtig, dass sich einzelne Komponenten des Bauwerks nicht zu stark verformen, zu Schwingungen neigen oder sich Risse einstellen (Beton).

Einwirkungen≤Widerstand

$$E_k \cdot \gamma_F = E_d \leqslant C_d = \frac{C_k}{\gamma_M} \tag{3.6}$$

$E_k$ ist der charakteristische Wert (z.B. Durchbiegung, Rissbreiten). $\gamma_F$ ist der Teilsicherheitsbeiwert (in der Regel ist $\gamma_F = 1{,}0$) und $E_d$ der Bemessungswert.

Im GZG gibt es folgende Lastfallkombinationen:

charakteristische Kombination:

$$E_d = \sum_{j\geqslant 1} G_{k,j} + Q_{k,1} + \sum_{i>1} \psi_{0,i} \cdot Q_{k,i} \tag{3.7}$$

häufige Kombination:

$$E_d = \sum_{j\geqslant 1} G_{k,j} + \psi_{1,1} \cdot Q_{k,1} + \sum_{i>1} \psi_{2,i} \cdot Q_{k,i} \tag{3.8}$$

quasi-ständige Kombination:

$$E_d = \sum_{j\geqslant 1} G_{k,j} + \sum_{i\geqslant 1} \psi_{2,i} \cdot Q_{k,i} \tag{3.9}$$

### 3.3.3 Bemessungswerte der Widerstandsseite

**Materialverhalten des Werkstoffs Stahl**

Um die Streckgrenze, die Zugfestigkeit, die Bruchdehnung und weitere

Werkstoffkennwerte zu bestimmen, wird ein genormtes Standardverfahren der Werkstoffprüfung durchgeführt, der sogenannte Zugversuch.

Die wesentlichen Kenngrößen sind die Materialspannung $\sigma$ und die Probendehnung $\varepsilon$. Diese werden aus dem Zugversuch wie folgt bestimmt:

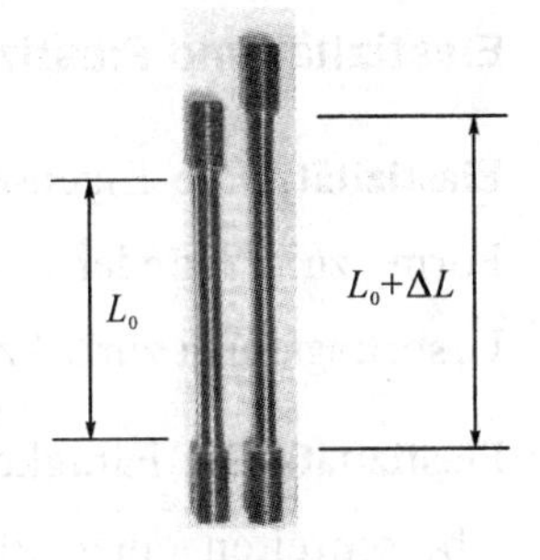


Abb. 3.23 Zugversuch

$$\sigma = F/A \quad (3.10)$$

$$\varepsilon = \Delta L/L_0 \quad (3.11)$$

F ist die Zugkraft, A die Querschnittsfläche. Die Spannung $\sigma$ ergibt sich aus Kraft $F$ geteilt durch Fläche $A$. $L_0$ die Ausgangslänge und $\Delta L$ die Längenänderung. Die Dehnung $\varepsilon$ ergibt sich aus der Längenänderung $\Delta L$ geteilt durch die Ausgangslänge $L_0$.

Das Verhältnis von Spannung und Dehnung des Stahls wird im Spannungs-Dehnungsdiagramm dargestellt. Zunächst ist ein linearer Verlauf von Spannung zu Dehnung zu beobachten. In diesem Bereich verhält sich der Stahl elastisch. Die Steigung der Linie in diesem Bereich heißt Elastizitätsmodul (E-Modul). Anschließend gibt es einen Bereich der Fließzone genannt wird, es kommt zu sehr starken Zuwächsen der Materialdehnung bei annähernd gleichbleibender Spannung. Schließlich, bei weiterer Laststeigung, verfestigt sich die Stahlprobe bis es bei großen Dehnungen zum Versagen und zum Bruch kommt.

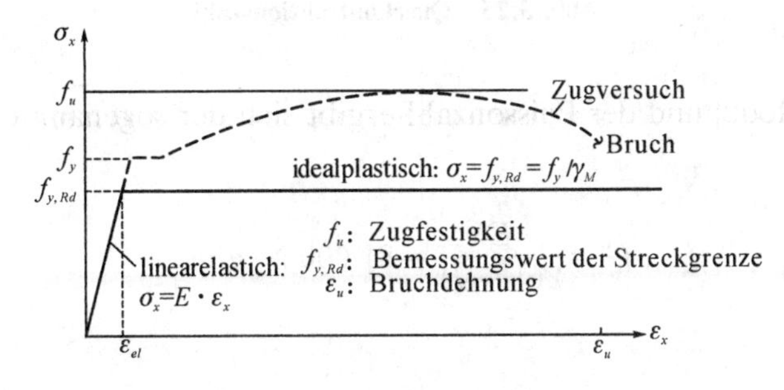


Abb. 3.24 Spannungs-Dehnungslinie/-diagramm

## Elastizität und Plastizität

**Elastizität**: Die Eigenschaft eines Werkstoffes, unter Krafteinwirkung seine Form zu verändern und bei Wegfall der einwirkenden Kraft in die Ursprungsform zurückzukehren (keine bleibende Verformung).

**Plastizität**: Die Fähigkeit von Stoffen, sich unter einer Krafteinwirkung nach Überschreiten einer Fließgrenze irreversibel zu verformen und diese Form nach der Einwirkung beizubehalten (bleibende Verformung).

## Querkontraktionszahl

Querkontraktionszahl wird auch Poissonzahl oder Querdehnzahl genannt.

Die Poissonzahl ist definiert als linearisiertes negatives Verhältnis aus relativer Änderung der Abmessung quer zur einachsigen Spannungsrichtung zur relativen Längenänderung.

$$\nu = -\frac{\Delta d / d_0}{\Delta l / l_0} \tag{3.12}$$

Bei Stahl ist $\nu = 0{,}3$.

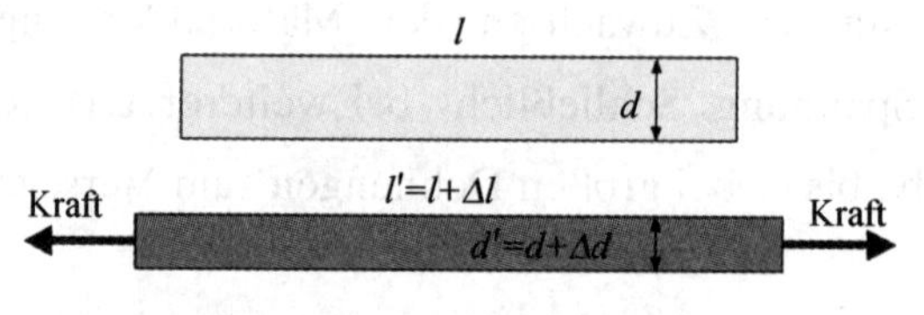


Abb. 3.25 Querkontraktionszahl

Aus dem E-Modul und der Poissonzahl ergibt sich der sogenannte Schubmodul $G$.

$$G = \frac{E}{2(1+\nu)} = 81.000\ \text{N/mm}^2 \tag{3.13}$$

## Wärmeausdehnungskoeffizient

Der Wärmeausdehnungskoeffizient ist ein Kennwert, der das Verhalten eines

Stoffes bezüglich Veränderungen seiner Abmessungen bei Temperaturveränderungen beschreibt.

$$\alpha = \frac{\Delta L}{L_0 \cdot \Delta T} \cdot T \tag{3.14}$$

Stahl: $\alpha = 12 \times 10^{-6}$

**Grenzschnittgrößen (max. aufnehmbare Schnittgrößen)**

**Elastische Tragfähigkeit:** Die elastische Tragfähigkeit eines Querschnitts ist erreicht, sobald eine Querschnittsfaser den Bemessungswert der Streckgrenze $\sigma_{Rd}$ erreicht (bzw. $\tau_{Rd}$ für Schub).

**Plastische Tragfähigkeit:** Die plastische Grenztragfähigkeit ist erreicht, wenn an allen Querschnittsfasern der Bemessungswert der Streckgrenze $\sigma_{Rd}$ erreicht ist.

### 3.3.4 Querschnittsklassifizierung

Für einen Rechteck-Querschnitt werden die elastische und plastische Spannungsverteilung in Abb. 3.26 dargestellt.

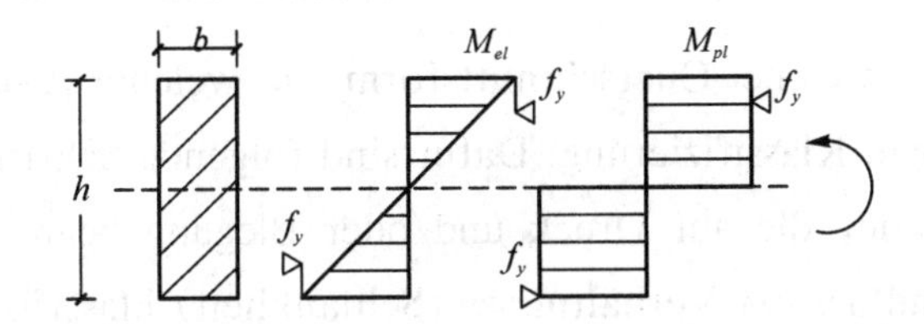


**Abb. 3.26 Elastische und plastische Spannungsverteilung am Rechteck-Querschnitt**

$M_{el,Rd}$ ist das elastisches Grenzbiegemoment (sobald irgendwo $\sigma_{Rd}$ erreicht ist) und $M_{pl,Rd}$ ist das plastisches Grenzbiegemoment (sobald überall $\sigma_{Rd}$ erreicht ist).

**Querschnittsklassen**

Eine elastische Tragwerksbemessung darf in allen Fällen verwendet werden.

Die plastische Tragwerksbemessung ist nur anwendbar, wenn das Tragwerk über ausreichende Rotationskapazität an den Stellen verfügt, an denen sich plastische Gelenke bilden und die druckbeanspruchten Querschnittsteile nicht vor Erreichen der vollständig plastischen Spannungsverteilung auf Stabilität (Beulen) versagen.

Klasse 1:

- Querschnitte der Klasse 1 können plastische Gelenke mit ausreichender plastischer Momententragfähigkeit und Rotationskapazität für die plastische Bemessungen bilden.

Klasse 2:

- Querschnitte der Klasse 2 können plastische Gelenke bilden, haben aber nur eine begrenzte Rotationskapazität.

Klasse 3:

- Querschnitte der Klasse 3 erreichen bei einer elastischen Spannungsverteilung die Streckgrenze in der ungünstigsten Querschnittsfaser.

Klasse 4:

- bei Querschnitten der Klasse 4 tritt lokales Beulen vor Erreichen der Streckgrenze in einem oder mehreren Teilen des Querschnitts auf. Solche Querschnitte dürfen nicht mit dem vollen elastischen Widerstand gerechnet werden, stattdessen müssen reduzierte Querschnittseerte ermittelt werden.

Die Einstufung, welche Querschinnttsform zu welcher Querschnittsklasse gehört, nennt man Klassifizierung. Dafür sind folgende Schritte wichtig:

- Querschnittsteile, die auf Druck und/oder Biegung beansprucht werden, werden anhand des c/t-Verhältnisses (Schlankheit) klassifiziert.
- Die Querschnittsklasse des Gesamtquerschnitts ist die Querschnittsklasse des ungünstigsten Teilquerschnitts.

Grundsätzlich gilt, dass rein zugbeanspruchte ist immer der Klasse 1 zugeordnet werden können.

**Schlankheit**

Die Klassifizierung eines Querschnitts hängt vom c/t-Verhältnis seiner

druckbeanspruchten Teile ab. Man unterscheidet einseitig und beidseitig gestützte Querschnittsteile. Bei Doppel-T-Profilen sind die Flansche einseitig und der Steg beidseitig gestützt. Die Abmessung *c* ist die Breite des Querschnittsteils zwischen den Stützungen bzw. zwischen Stützung und freiem Rand, t ist die Blechdicke des Querschnittsteils. Bei Walzprofilen wird c zwischen den Walzausrundungen bzw. zwischen freiem Rand und der Walzausrundung gemessen, bei Schweißprofilen zwischen zwei Schweißnähten bzw. zwischen Naht und freiem Rand.

**Tab. 3.3 Einseitig und Beidseitig gestützte Querschnittsteile**[3]

(aus **Tab.5.2 — Maximales *c/t*-Verhältnis druckbeanspruchter Querschnittsteile**)

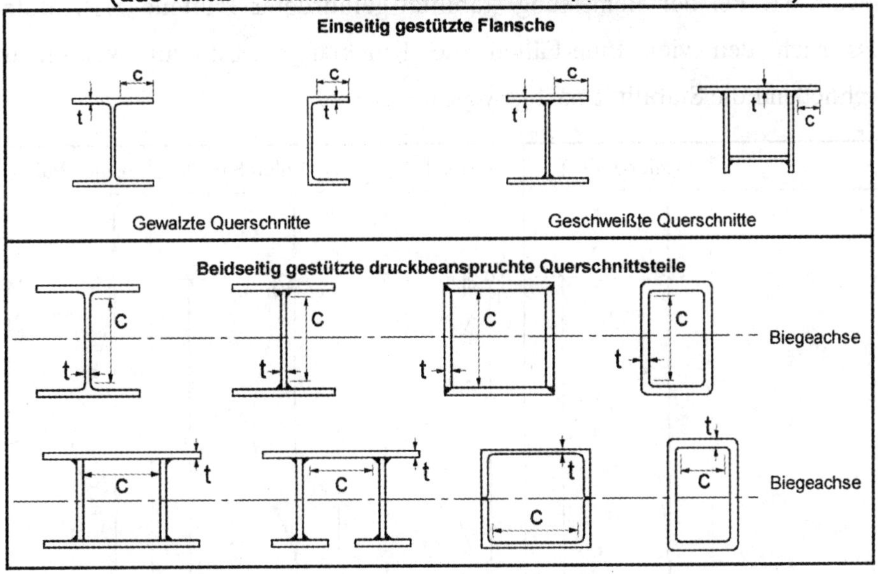

**Einseitig gestützte Flansche**

Gewalzte Querschnitte

Geschweißte Querschnitte

**Beidseitig gestützte druckbeanspruchte Querschnittsteile**

Biegeachse

Biegeachse

## 3.3.5 Stabilität

Bei einem Stab unter Druckbelastung kann ein Stabilitätsversagen auftreten, das sogenannte Normalkraftknicken. Das Gleichgewicht des Systems ist vom Verformungszustand abhängig. Die vorhandene Druckkraft reduziert die Quersteifigkeit des Systems. Ein System wird dann instabil, wenn keine Quersteifigkeit mehr vorliegt. Andererseits wirkt eine wirkende Zugkraft günstig, da sie die Quersteifigkeit noch erhöht.

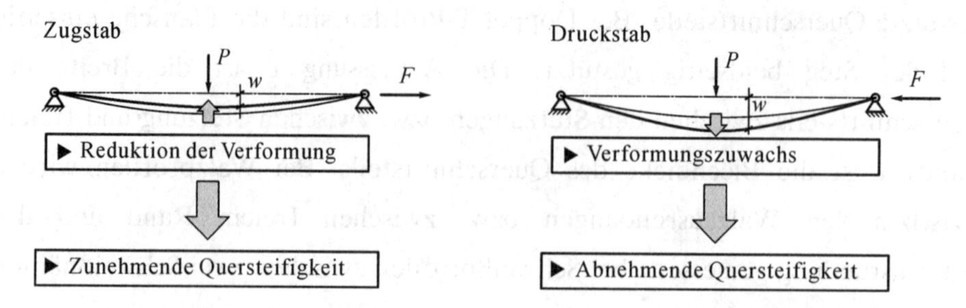


**Abb. 3.27 Einfluss der Normalkraft (Zug und Druck) auf einem Stab**

Stabilität ist deshalb ein Versagensfall, der bei druckbeanspruchten Bauteilen relevant ist. Bei der Bemessung stabilitätsgefährdeter Bauteile z. B. Stützen muss nach den vier Eule-Fällen die Knicklänge bestimmt werden und anschließend die Stabilität nachgewiesen werden.

| | Euler-Fall Ⅰ | Euler-Fall Ⅱ | Euler-Fall Ⅲ | Euler-Fall Ⅳ |
|---|---|---|---|---|
| | L | L | L | L |
| Knicklast $N_{ki}$ | $1/4 \cdot \pi^2 \cdot EI/L^2$ | $\pi^2 \cdot EI/L^2$ | $\sim 2 \cdot \pi^2 \cdot EI/L^2$ | $4 \cdot \pi^2 \cdot EI/L^2$ |
| Knicklänge $L_{ki}$ | $2 \cdot L$ | $L$ | $0{,}7 \cdot L$ | $0{,}5 \cdot L$ |
| Knickl. -Beiwert $\beta$ | 2,0 | 1,0 | 0,7 | 0,5 |

**Abb. 3.28 Eule-Fälle**

Für Bauteile unter zentrischem Druck wird der Nachweis der Stabilität nach DIN EN 1993-1-1: 2010-12, Kapitel 6.3.1[3] durchgeführt.

Prinzipielles Vorgehen:

1) Bemessungslast $N_{Ed}$

2) Knicklänge $L_{cr}$ (bei komplexen Strukturen: Ersatzstabverfahren)

3) Knicklinie bestimmen nach DIN EN 1993-1-1. Tabelle 6.2

4) Imperfektionsbeiwert $\alpha$:

| Knicklinie | $a_0$ | $a$ | $b$ | $c$ | $d$ |
|---|---|---|---|---|---|
| Imperfektionsbeiwert $\alpha$ | 0,13 | 0,21 | 0,34 | 0,49 | 0,76 |

5) Ideale Verzweigungslast $N_{cr}$: $N_{cr}=\dfrac{\pi^2 \cdot EI}{L_{cr}^2}$

6) Schlankheitsgrad $\bar{\lambda}$:

QKL 1,2 & 3: $\bar{\lambda}=\sqrt{\dfrac{A \cdot F_\gamma}{N_{cr}}}$ QKL 4: $\bar{\lambda}=\sqrt{\dfrac{A_{eff} \cdot f_\gamma}{N_{cr}}}$

7) Zwischenbeiwert $\Phi$: $\Phi=0,5 \cdot [1+\alpha \cdot (\bar{\lambda}-0,2)+\bar{\lambda}^2]$

8) Abminderungsbeiwert $\chi$: $\chi=\dfrac{1}{\Phi+\sqrt{\Phi^2-\bar{\lambda}^2}} \leqslant 1,0$

9) Bemessungswert der Beanspruchbarkeit $N_{b,Rd}$:

QKL 1,2 & 3: $N_{b,Rd}=\dfrac{\chi \cdot A \cdot f_\gamma}{\gamma_{M1}}$ QKL 4: $N_{b,Rd}=\dfrac{\chi \cdot A_{eff} \cdot f_\gamma}{\gamma_{M1}}$

$\boxed{\gamma_{M1}=1,1}$

10) Nachweis: $\dfrac{N_{Ed}}{N_{b,Rd}} \leqslant 1,0$

## Ⅰ. Übung

1. Geben Sie fünf Beispiele von Querschnittsformen an.

2. Bitte zeichnen Sie ein Walzprofil und ein Schweißprofil und geben Sie die deutschen Begriffe in den Profilen an.

3. Was bedeuten Grenzzustand der Tragfähigkeit und Grenzzustand der Gebrauchstauglichkeit?

4. Geben Sie jeweils ein Beispiel von ständigen Lasten und veränderlichen Lasten an.

5. Bei welchem Fall muss die Stabilität der Bauteile berücksichtigt werden?

## Ⅱ. Wörterliste

| | | |
|---|---|---|
| die | Abmessung, -en | 尺寸 |
| der | Abminderungsbeiwert, -e | 折减系数 |
| die | Achse, -n | 轴 |
| der | Anschluss,-schlüsse | 连接 |
| die | Ausgangslänge, -n | 原长 |
| die | Ausrundung, -en | 圆角 |
| die | Baugrundsetzung, -en | 地基沉降 |
| die | Beanspruchbarkeit, -en | 承载能力 |
| der | Bemessungswert, -e | 设计值 |
| das | Blech, -e | 钢板 |
| die | Bohrung, -en | 钻孔 |
| der | Bruch, Brüche | 断裂 |
| die | Bruchdehnung, -en | 断裂伸长率 |
| | charakteristische Kombination | 标准组合 |
| der | charakteristische Wert, -n Werte | 标准值 |
| die | Dehnung, -en | 应变 |
| der | Druckgurt, -e | 受压翼缘 |
| die | Druckkraft, -kräfte | 压力 |
| der | Druckstab, -stäbe | 压杆 |
| die | Durchbiegung, -en | 挠度 |
| das | Eigengewicht, -e | 自重 |
| die | Einwirkung,-en | 荷载;作用 |

| | | |
|---|---|---|
| | elastisch | 弹性的 |
| die | Elastizität, nur Sg. | 弹性 |
| der | Elastizitätsmodul (E-Modul), -e | 弹性模量 |
| der | Euler-Fall, Eule-Fälle | 欧拉工况 |
| der | Extremwert, -e | 极值 |
| das | Flächenträgheitsmoment, -e | 截面二次矩(惯性矩) |
| | filigran | 精致的 |
| der | Flansch, -e | 翼缘 |
| die | Fließgrenze, -n | 屈服强度 |
| | geschraubt | 螺栓连接的 |
| | geschweißt | 焊接的 |
| das | Gleichgewicht, -e | 平衡 |
| die | Grenzschnittgröße, -n | 极限内力 |
| der | Grenzzustand,-stände | 极限状态 |
| | Grenzzustand der Gebrauchstauglichkeit | 正常使用极限状态 |
| | Grenzzustand der Tragfähigkeit | 承载能力极限状态 |
| | günstig | 有利的 |
| | häufige Kombination | 频遇组合 |
| das | Hochhaus, -häuser | 高楼 |
| der | Imperfektionsbeiwert, -e | 缺陷系数 |
| | instabil | 不稳定的 |
| | irreversibel | 不可逆的 |
| der | Imperfektionsbeiwert, -e | 缺陷系数 |
| die | Kenngröße, -n | 参数,特征值 |
| die | Klasse, -n | 等级 |
| die | Knicklänge, -n | 计算长度 |
| die | Knicklast, -en | 临界力 |
| die | Knicklinie, -n | 弯曲线,柱子曲线 |
| der | Kombinationsbeiwert, -e | 组合系数 |
| die | Komponente, -n | 组成部分;组成成分 |
| das | Kreishohlprofil, -e | 圆形空心型钢 |

| | | |
|---|---|---|
| die | Längenänderung, -en | 长度变化 |
| die | Längskraft, -kräfte | 轴力 |
| der | Lastabtrag, nur Sg. | 荷载传递 |
| die | Lastfallkombination, -en | 荷载工况组合 |
| | linear | 线性的 |
| das | Loch, Löcher | 孔 |
| | markant | 引人注目的,标志性的 |
| das | Materialverhalten, - | 材料性能 |
| der | Maximalwert, -e | 最大值 |
| der | Nachweis, -e | 证明 |
| die | Normalkraft, -kräfte | 轴力 |
| der | Normalkraftknick, -e | 轴压失稳 |
| die | Nutzlast, -en | 使用荷载 |
| der | Obergurt, -e | 上翼缘 |
| | plastisch | 塑性的 |
| das | plastische Gelenk, -n Gelenke | 塑性铰 |
| die | Plastizität, nur Sg. | 塑性 |
| die | Poissonzahl, -en | 泊松比 |
| das | Profil, -e | 型材 |
| das | Quadrathohlprofil, -e | 方形空心型钢 |
| | quasi-ständige Kombination | 准永久组合 |
| die | Querdehnzahl, -en | 泊松比 |
| die | Querkontraktionszahl, -en | 泊松比 |
| die | Querkraft, -kräfte | 剪力 |
| die | Querschnittsfläche, -n | 横截面积;横截面 |
| die | Querschnittklasse, -n | 截面等级 |
| die | Querschnittsform, -en | 截面形式 |
| die | Quersteifigkeit, -en | 横向刚度 |
| die | Reduktion, -en | 减少,降低 |
| das | Rohr, -e | 管子,管道 |
| die | Rotationskapazität, -en | 转动能力 |
| der | Schlankheitsgrad, -e | 相对长细比 |

| | | |
|---|---|---|
| die | Schlankheit, -en | 长细比 |
| das | Schmelzen, nur Sg. | 熔化 |
| die | Schraube, -n | 螺栓 |
| die | Schraubenmutter,-n | 螺母 |
| die | Schraubverbindung, -en | 螺栓连接 |
| der | Schubmodul, -e | 剪切模量 |
| die | Schweißnaht, -nähte | 焊缝 |
| das | Schweißprofil, -e | 焊接型钢 |
| die | Schweißverbindung, -en | 焊接连接 |
| die | Schwingung, -en | 振动 |
| der | Sicherheitsbeiwert, -e | 安全系数 |
| der | Sicherheitsfaktor, -en | 安全系数 |
| das | Spannungs-Dehnungsdiagramm, -e | 应力应变曲线 |
| die | Spannungsverteilung, -en | 应力分布 |
| der | Stab, Stäbe | 杆 |
| die | Stabilität, -en | 稳定性 |
| das | Stadion, Stadien | 体育场 |
| das | Stahlerzeugnis -se | 钢成品 |
| | ständige Lasten | 恒载 |
| die | Stange, -n | (钢)杆 |
| der | Steg, -e | 腹板 |
| die | Steigung, -en | 斜率;坡度 |
| die | Streckgrenze, -n | 屈服强度 |
| der | Teilsicherheitsbeiwert, -e | 分项系数,安全系数 |
| die | Tragfähigkeit,-en | 承载力 |
| der | Untergurt, -e | 下翼缘 |
| | veränderliche Lasten | 可变荷载 |
| die | Verbindung, -en | 连接 |
| die | Verformung, -en | 形变 |
| das | Verhältnis, -se | 比例;关系;比值 |
| die | Verkehrslast, -en | 交通荷载 |
| die | Verzweigungslast, -en | 欧拉临界力 |

| | | |
|---|---|---|
| das | Walzprofil, -e | 轧钢 |
| der | Wärmeausdehnungskoeffizient, -en | 热膨胀系数 |
| der | Widerstand, -stände | 抗力 |
| die | Windkraftanlage, -n | 风力发电设备 |
| die | Windlast, -en | 风荷载 |
| die | Zugfestigkeit, -en | 抗拉强度 |
| die | Zugkraft, -kräfte | 拉力 |
| der | Zugstab, -stäbe | 拉杆 |
| der | Zugversuch, -e | 拉伸试验 |
| der | Zwischenbeiwert, -e | 中间系数 |

**Ⅲ. Ergänzung**

Video „Grundlagen des Stahlbaus in deutscher Sprache"

# 3.4 Mauerwerksbau

## 3.4.1 Mauerwerksbau-Einführung

Mauerwerksbauten werden schon seit vielen Tausend Jahren von Meschen errichtet, z.B. die große Mauer in China oder der Aachener Dom in Deutschland. Heutzutage werden viele Wohnhäuser aus Mauerwerk hergestellt.

Die Materialien für Mauerwerksbau sind z. B. Ziegelsteine, Kalksandsteine und Porenbetonsteine (Abb. 3.29).

(a) Ziegelsteine

(b) Kalksandsteine

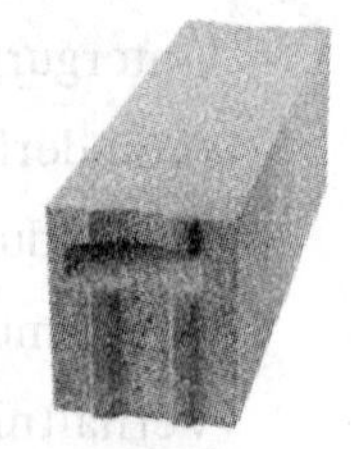
(c) Porenbetonsteine

**Abb. 3.29 Materialien für Mauerwerksbau**

Ziegelsteine werden aus Lehm und Ton herstellt. Das noch verformbare Material wird in Form gebracht und anschließend bei 500 bis 1 800℃ gebrannt. Durch den Brennprozess erreichen die Mauerziegel ihre Festigkeit.

Das Grundmaterial für Kalksandsteine ist Sand, als Bindemittel wird Kalk verwendet. Durch Dampfdruck wird der Stein bei Temperaturen von 200℃ gehärtet.

Das Grundmaterial für Betonsteine ist Normalbeton und für die Porenbetonsteine sind es Kalk, Sand und Zement.

### 3.4.2 Maßordnung im Hochbau

Die Abmessungen der Mauersteine leiten sich aus dem sog. oktametrischen System ab.

Okta = 8 (lateinisch), 100 cm/8 = 12,5 cm

Abb. 3.30 zeigt übliche Steinformate und deren Kurzzeichen.

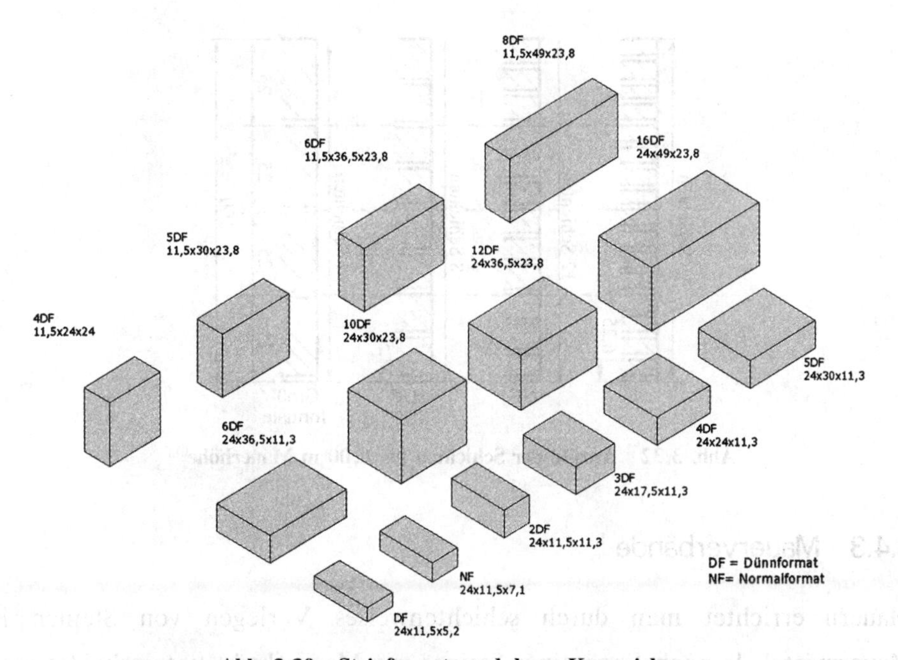


**Abb. 3.30 Steinformate und deren Kurzzeichen**

[*Quelle: https://www.mauerwerksbau-lehre.de//vorlesungen/1-grundlagen-und-baustoffe-des-mauerwerksbaus/12-baustoffe-fuer-mauerwerk/126-steinformate/*]

Mauerhöhen berechnen sich aus der Addition der einzelnen Schichthöhen. Eine Schicht setzt sich zusammen aus der Steinhöhe und der Lagerfuge (Abb. 3.31). Die Abbildung 3.32 zeigt die Anzahl der Schichten bis zu einer Mauerhöhe von 1,00 m.

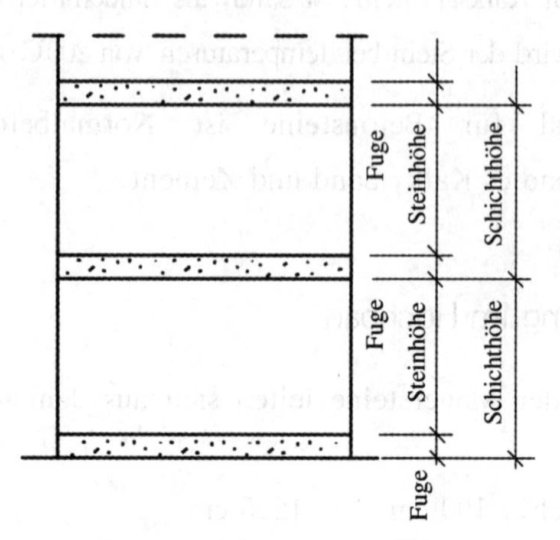


Abb. 3.31 Schichthöhe[1]

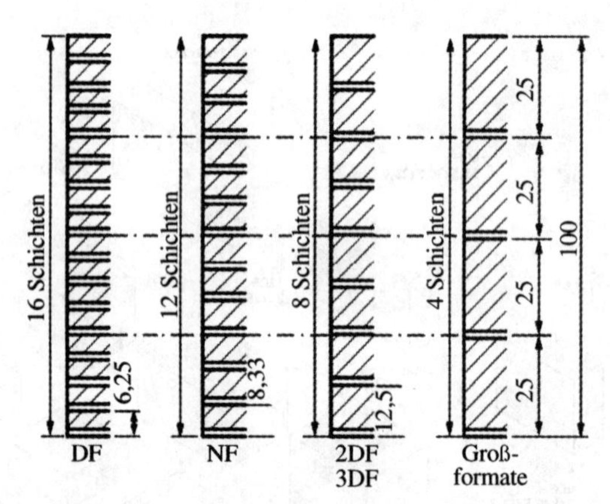


Abb. 3.32 Anzahl der Schichten bis 1,00 m Mauerhöhe[1]

### 3.4.3 Mauerverbände[1]

Mauern errichtet man durch schichtenweises Verlegen von Steinen in Mauermörtel. Je nach Lage eines Steines zur Mauerflucht unterscheidet man Läufer (Abb. 3.33) und Binder (Abb. 3.34). Die Läufer liegen mit der Längsseite (Läuferseite), die Binder mit der Breitseite (Kopfseite) zur

Mauerflucht. Mauerschichten bestehen entweder nur aus Läuferschichten, nur aus Binderschichten oder aus einer Kombination von beiden.

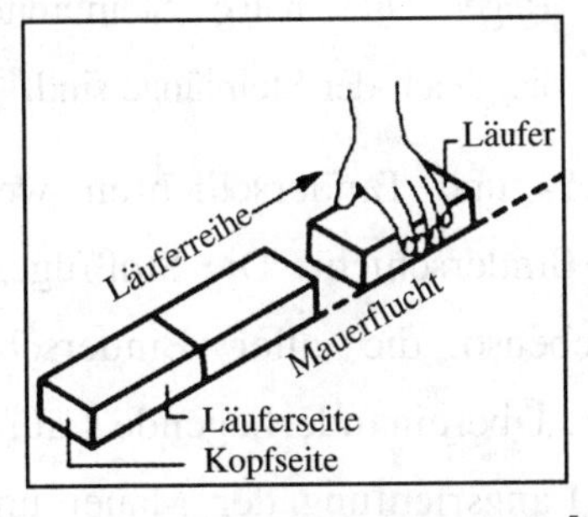


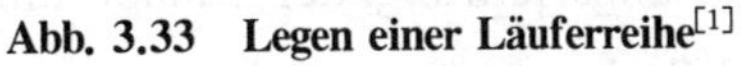
Abb. 3.33 Legen einer Läuferreihe[1]

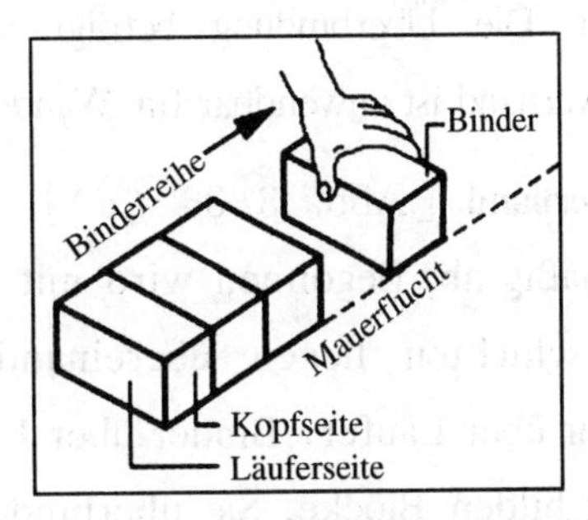


Abb. 3.34 Legen einer Binderreihe[1]

## Verbandsarten[1]

Damit einer Mauer voll funktionstüchtig ist, muss aus statischer Sicht einiges beachtet werden.Die Verbindung der einzelnen Mauersteine erfolgt zum Ausgleich von Unebenheiten und zur Verbesserung des Verbundes mit Mörtel. Der Mörtel kann zwar die Steine zusammenhalten, doch für die Kraftübertragung ist er nicht geeignet. Deshalb ist im Verband zu mauern. Durch einen Mauerverband werden die Lasten und Kräfte nicht nur senkrecht, sondern gleichmäßig auf den ganzen Mauerwerksquerschnitt verteilt (Abb. 3.35).

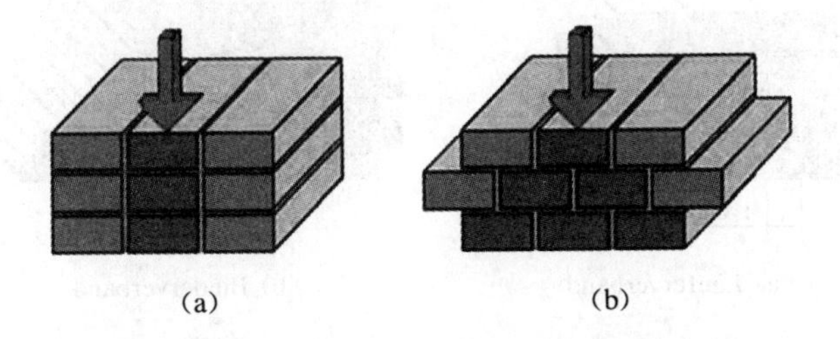


Abb. 3.35 Lastverlauf (a) ohne Verband, (b) im Verband[1]

**Läuferverband** [Abb. 3.36 (a)]: Alle Schichten sind Läuferschichten aus je einer Läuferreihe. Die Stoßfugen übereinanderliegender Schichten sind um die halbe Steinlänge gegeneinander versetzt (mittiger Verband). Bei Sichtmauerwerk kann das Überbindermaß auch 1/4-Stein betragen. Die Überbindermaß beträgt in der Regel eine halbe Steinlänge.

**Binderverband** [Abb. 3.36 (b)]: Alle Schichten bestehen aus Binderschichten. Die Stoßfugen übereinanderliegender Schichten sind um die halbe Steinbreite gegeneinander versetzt. Die Überbindung beträgt in der Regel eine halbe Steinbreite. Der Binderverband ist anwendbar für Wanddicken, die gleich der Steinlänge sind.

**Blockverband** [Abb. 3. 36 (c)]: Läufer- und Binderschichten wechseln regelmäßig ab. Begonnen wird mit einer Binderschicht. Die Stoßfugen aller Läuferschichten liegen übereinander, ebenso die aller Binderschichten (Läufer über Läufer, Binder über Binder). Übereinanderliegende Läufer und Binder bilden Blöcke. Sie überbinden in Längsrichtung der Mauer um 1/4-Stein. Die Überbindung ist regelmäßig 1/4-Stein.

**Kreuzverband** [Abb. 3.36 (d)]: Läufer und Binderschichte wechseln wie beim Blockverband regelmäßig ab. Begonnen wird mit einer Binderschicht. Die 2. Schicht wird als Läuferschicht um 1/2-Kopf gebenüber der Binderschicht versetzt angeordnet. Als 4. Schicht folgt wieder eine Läuferschicht, die um 1 Kopf gegenüber der 1. Läuferschicht versetzt wird. So entstehen die charakteristischen Kreuze aus zwei übereinanderliegenden Bindern und dem dazwischenliegenden Läufer. Das Überbindemaß beträgt regelmäßig 1/4-Stein.

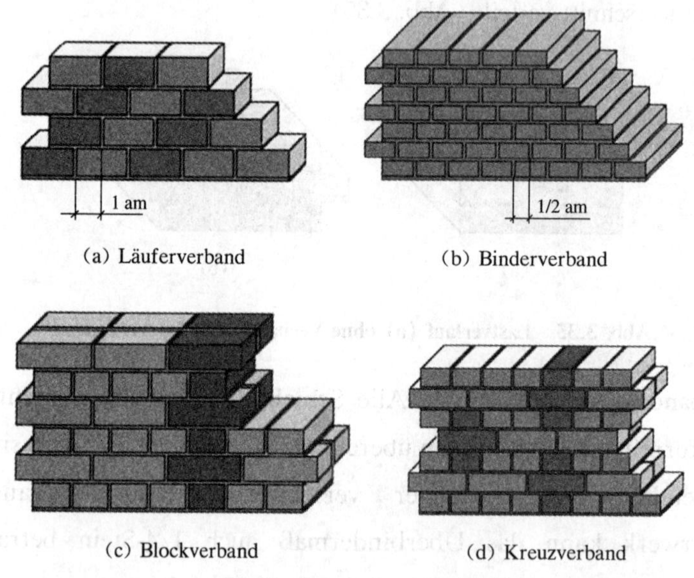


(a) Läuferverband (b) Binderverband

(c) Blockverband (d) Kreuzverband

**Abb. 3.36 Verbandarten**[1]

## Ⅰ. Übung

1. Welche Steinmaterialien gibt es im Mauerwerksbau?

2. Was ist das Grundmaterial für Betonsteine und Porenbetonstein?

3. Wie funktioniert ein Mauerverband?

4. Welche Verbandsarten gibt es?

5. Wodurch unterscheiden sich Block- und Kreuzverband voneinander?

## Ⅱ. Wörterliste

| | | |
|---|---|---|
| die | Abmessung, -en | 尺寸 |
| der | Betonstein, -e | 混凝土砌块 |
| der | Binder, - | 丁砖 |
| die | Binderreihe, -n | 丁砌 |
| der | Binderverband, -verbände | 全丁 |
| der | Blockverband, -verbände | 一顺一丁(十字缝) |
| der | Dampfdruck, -e | 蒸汽压 |
| das | Grundmaterial, -en | 基础材料 |
| die | Fuge, -n | 缝(灰缝) |
| der | Kalk, -e | 石灰 |
| der | Kalksandstein, -e | 石灰石 |
| der | Kreuzverband, -verbände | 一顺一丁(骑马缝) |
| der | Läufer, - | 顺砖 |
| die | Läuferreihe, -n | 顺砌 |
| der | Läuferverband, -verbände | 全顺 |
| der | Lehm, -e | 黏土 |
| die | Maßordnung, -en | 尺寸规定 |
| die | Mauerflucht, -en | 墙线 |

| | | |
|---|---|---|
| der | Mauermörtel, - | 砌筑砂浆 |
| der | Mauerveband, -verbände | 砖墙(错缝)砌筑 |
| der | Mauerwerksbau, nur Sg./-bauten | 砌体工程/砌体建筑 |
| der | Mauerziegel, - | 砖 |
| der | Mörtel, - | 砂浆 |
| der | Normalbeton, nur Sg. | 普通混凝土 |
| der | Porenbetonstein, -e | 加气混凝土砌块 |
| der | Sand,-e | 沙子 |
| die | Schicht, -en | 层 |
| die | Schichthöhe, -n | (一层)砖厚;一皮 |
| das | Sichtmauerwerk, -e | 清水墙砌体结构 |
| das | Steinformat, -e | 砌块规格 |
| die | Steinhöhe, -n | 砌块厚度;砖厚 |
| die | Stoßfuge, -n | 竖向灰缝 |
| der | Ton, Töne | 黏土 |
| das | Überbindermaß, -e | 上下层竖向灰缝间距 |
| der | Verband, Verbände | (错缝)砌筑 |
| das | Verlegen, nur Sg. | 敷设;放置 |
| die | Wanddicke, -n | 墙厚 |
| das | Wohnhaus,-häuser | 住宅 |
| der | Zement, -e | 水泥 |
| der | Ziegelstein, -e | 砖 |

Kapitel 4

# Baustoffe

## 4.1 Bauphysikalische Kenngrößen

### Dichte

Das Verhältnis von Masse zum Volumen eines Körpers bezeichnet man als Dichte.

$$\rho = m/V \tag{4.1}$$

| mit | | | |
|---|---|---|---|
| | $\rho$ | Dichte | $g/cm^3$, $kg/dm^3$, $t/m^3$ |
| | $m$ | Masse | g, kg, t |
| | $V$ | Volumen | $cm^3$, $dm^3$, $m^3$ |

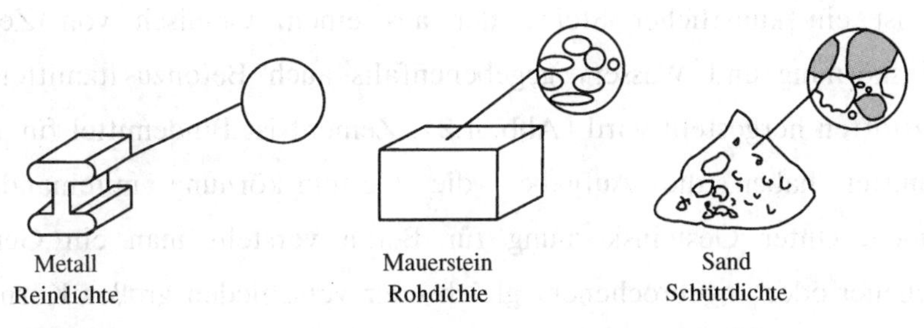


**Abb. 4.1 Reindichte, Rohdichte und Schüttdichte**[1]

Von **Reindichte** spricht man, wenn Materialien keine Hohlräume und Poren aufweisen. Als **Schüttdichte** wird die Dichte von festen Materialien bezeichnet, welche lose aufgeschüttet werden inklusive aller dort enthaltenen Hohlräume und Poren zwischen den einzelnen Teilchen. Unter **Rohdichte** versteht man die Dichte fester Stoffe, die Poren und Hohlräume enthalten[1].

### Wärmeausdehnungskoeffizient

Jeder Baustoff ändert seine Größe in Abhängigkeit der Temperatur. In der Regel wird ein Material größer, wenn es erwärmt wird und kleiner wenn es abgekühlt wird. Jedes Material hat eine Konstante, diese wird Wärmeausdehnungskoeffizient $\alpha$ genannt.

$$\alpha = \frac{\Delta l}{l} \cdot \frac{1}{\Delta T} = \frac{\varepsilon}{\Delta T} \qquad (4.2)$$

| mit | | | |
|---|---|---|---|
| | $\alpha$ | Wärmeausdehungskoeffizient | 1/K |
| | $\Delta l$ | Längenänderung | mm |
| | $l$ | Ausgangslänge | mm |
| | $\varepsilon$ | Dehnung/Stauchung | - |
| | $\Delta T$ | Temperaturänderung | K |

## 4.2 Beton und Mörtel

### Beton

Beton ist ein künstlicher Stein, der aus einem Gemisch von Zement, Gesteinskörnung und Wasser, gegebenenfalls auch Betonzusatzmitteln und -zusatzstoffen hergestellt wird (Abb. 4.2). Zement ist Bindemittel für Beton. Bindemittel haben die Aufgabe, die Gesteinskörnung miteinander zu verbinden. Unter Gesteinskörnung für Beton versteht man ein Gemenge gebrochener oder ungebrochener, gleich oder verschieden großer Körner aus natürlichen oder künstlichen mineralischen Stoffen. Die Kornzusammensetzung der Gesteinskörnung für Beton bestimmt die Dichte und den Wasseranspruch einer Betonmischung. Sie wird durch Siebversuche bestimmt und mit Sieblinien dargestellt, welche den Anteil der Gesteinskörnung in Gewichtsprozenten zeigen, der kleiner als die zugehörige

Korngröße ist.

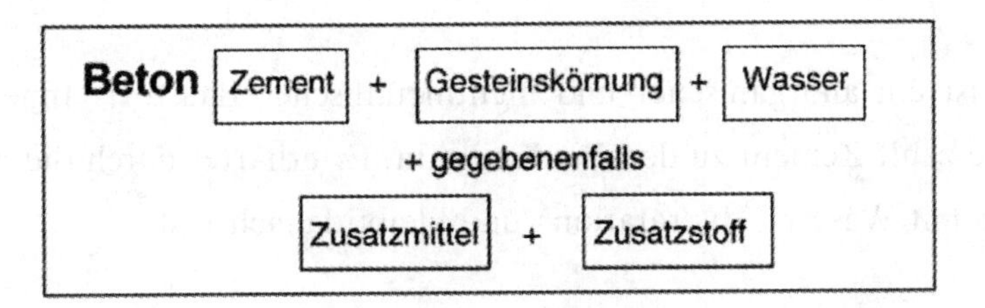


**Abb. 4.2 Betonzusammensetzung**

Betonzusatzmittel sind in Wasser gelöste oder aufgeschlämmte Mittel, die dem Beton beigemischt werden, um durch physikalische oder chemische Wirkungen die Eigenschaften des Betons zu verändern. Sie werden nur in geringen Mengen dem Beton zugegeben, z.B. Betonverflüssiger, Luftporenbildner und Beschleuniger. Betonzusatzstoffe sind pulverförmige oder flüssige Zusätze, die bestimmte Eigenschaften des Betons verändern. Im Vergleich mit Betonzusatzmittel werden Betonzusatzstoffe in größeren Mengen zugegeben. Sie sind z.B. Flugasche, Kunstharze und Gesteinsmehl.

## Mörtel

Mörtel ist ein Gemenge aus Bindemittel, Gesteinskörnern und Wasser. Bei Bedarf können auch Zusatzmittel und Zusatzstoffe beigegeben werden. Als Bindemittel werden vorzugsweise Zement, Baukalk und Gips verwendet. Im Vergleich mit Beton werden zur Herstellung von Mörtel gemischtkörnige, natürliche Gesteinskörnungen bis zur Korngröße 4 mm verwendet. Wasser wirkt physikalisch als Gleitmittel — Verringerung des Gleitwiderstandes zwischen den Gesteinskörnungen — und chemisch als Ausgangsstoff für den Ablauf der Erhärtungsreaktion im Bindemittel.

## Bindemittel

Bindemittel haben die Aufgabe, im Mörtel und Beton die Zuschläge miteinander zu verbinden. Die am häufigsten verwendeten Bindemittel Gips,

Kalk und Zement werden im trockenen, pulverigen Zustand an die Baustelle geliefert.

Zement ist ein anorganischer und nichtmetallischer Baustoff. Innerhalb der Baustoffe zählt Zement zu den Bindemitteln. Er erhärtet durch die chemische Reaktion mit Wasser (Hydratation) und bleibt danach fest.

## Herstellungsablauf von Zement

In Zementwerken werden die Rohmaterialien Kalkstein, Ton oder Eisenerz in Brechern zerkleinert und anschließend zu Rohmehl fein gemahlen. Das Rohmehl wird in einem Drehrohrofen bei hohen Temperaturen zu Klinker gebrannt und dann in einem Kühler abgekühlt. Die Klinker werden in einer Kugelmühle zu Zement gemahlen. Zum Schluß wird Zement abgefüllt, verladen und transportiert.

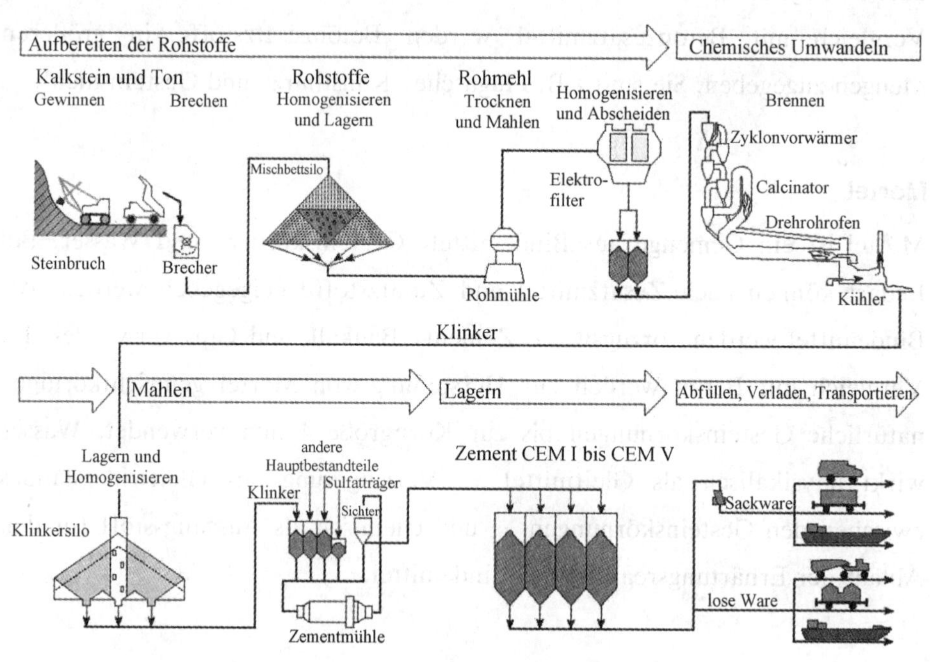


Abb. 4.3 Herstellungsablauf von Zement[1]

## Gliederung des Betons

Beton können nach unterschiedlichen Gesichtspunkten gegliedert werden, z.B. nach der Trockenrohdichte wird Beton in Leichtbeton (Rohdichte ≥800 kg/m³ bis ≤2.000 kg/m³), Normalbeton (Rohdichte >2.000 kg/m³ bis ≤2.600 kg/m³) und Schwerbeton (Rohdichte >2.600 kg/m³) gegliedert; nach der Festigkeit in Normal- und Schwerbeton sowie hochfestem Beton; nach dem Erhärtungszustand in Frischbeton und Festbeton.

## Festigkeitsklassen des Betons

Beton wird in 16 Festigkeitsklassen gegliedert, von C8/10 bis C100/115 (Tab. 4.1). C25/30 heißt z.B. ein Beton mit der Mindestdruckfestigkeit 25 N/mm² an Zylindern und der Mindestdruckfestigkeit 30 N/mm² an Würfeln.

**Tab. 4.1 Festigkeitsklassen des Betons[1]**

| Druckfestigkeitsklassen | Mindesdruckfestigkeit an Zylindern in N/mm² | Mindesdruckfestigkeit an Würfeln in N/mm² |
|---|---|---|
| C8/10 | 8 | 10 |
| C12/15 | 12 | 15 |
| C16/20 | 16 | 20 |
| C20/25 | 20 | 25 |
| C25/30 | 25 | 30 |
| C30/37 | 30 | 37 |
| C35/45 | 35 | 45 |
| C40/50 | 40 | 50 |
| C45/55 | 45 | 55 |
| C50/60 | 50 | 60 |
| C55/67 | 55 | 67 |
| C60/75 | 60 | 75 |
| C70/85 | 70 | 85 |
| C80/95 | 80 | 95 |
| C90/105 | 90 | 105 |
| C100/115 | 100 | 115 |

### Frischbeton und Festbeton

Als Frischbeton wird der noch nicht erhärtete Beton bezeichnet. Der Zementleim, also das Gemisch aus Wasser, Zement und weiteren feinkörnigen Bestandteilen ist noch nicht abgebunden. Dadurch ist der Frischbeton noch verarbeitbar, das heißt formbar und zum Teil fließfähig. Während des Abbindens des Zementleims wird der Beton als junger Beton oder grüner Beton bezeichnet. Nachdem der Zementleim abgebunden hat, wird der Beton Festbeton genannt.

Als Festbeton wird der also erhärtete Frischbeton bezeichnet.

### Betonkonsistenz

Die Konsistenz ist ein Maß für die Verarbeitbarkeit und Verdichtbarkeit des Frischbetons.

Wichtige Größen (Kennwerte) sind:

- Ausbreitmaß F
- Verdichtungsmaß C

### Wasser/Zement-Wert

Der w/z-Wert (Massenverhältnis von Wassergehalt w und Zementgehalt z) ist die bestimmende Größe für die wesentlichen Betoneigenschaften. Zement bindet chemisch und physikalisch ca. 40% seiner Masse an Wasser. Darüber hinaus zugegebenes Wasser führt zur Bildung von Kapillarporen im Zementstein.

Ideal ist daher ein w/z-Wert von 0,4. Als günstig sind w/z-Werte bis 0,7 einzustufen. Werte darüber hinaus sind ungünstig.

### Eigenschaften des Betons

**Verarbeitbarkeit:** Wichtigste Eigenschaft des Frischbetons ist dessen Verarbeitbarkeit. Die Verarbeitbarkeit umfasst das Befördern, Einbauen und

| | a) $\omega = 0{,}20$ | b) $\omega = 0{,}40$ | c) $\omega = 0{,}60$ | d) $\omega = 1{,}0$ |
|---|---|---|---|---|
| Zementleim<br>im Wasser schwebende Zementkörner | Zementkorn<br>Wasser | | | |
| Zementstein<br>hydratisierte Zementkörner | unhydratisierte Zementkerne | vollhydratisierter Zement | wasserführende Kapillarporen | |

**Abb. 4.4 Einfluss des w/z-Wertes auf Beschaffenheit und Dichte des Zementsteins[1]**

Verdichten des Betons. Kenngröße ist die Konsistenz.

**Druckfestigkeit**: Die hohe Druckfestigkeit ist die wichtigste Eigenschaft des Festbetons. Sie wird beeinflusst von der Festigkeitsklasse des Zements, dem Wasserzementwert, der Haftung zwischen Gesteinskörnung und Zementleim und dem Verdichtungsgrad. Die Druckfestigkeit wird an 28 Tage alten, normgerecht gelagerten Probekörpern ermittelt.

**Wasseraufnahmefähigkeit**: Für bestimmte Baumaßnahmen — Trinkwasserbehälter, Staumauern, Gebäudeteile im Grundwasserbereich — ist es unerlässlich, die Wasseraufnahmefähigkeit auf ein Minimum zu beschränken. Es muss ein möglichst wasserdichter Beton hergestellt werden.

**Frostbeständigkeit**: Beton, der im dauerfeuchten Zustand häufigen Frost-Tau-Wechseln ausgesetzt ist, muss einen hohen Frostwiderstand aufweisen.

**Wärmedämmung**: Wegen seiner relativ hohen Rohdichte ($\rho = 2{,}4\ kg/dm^3$) ist Normalbeton ein guter Wärmeleiter. Er ist deshalb für Wärmedämmmaßnahmen nicht einsetzbar. Dagegen kann Leichtbeton ($\rho < 2{,}0\ kg/dm^3$) auch diesbezüglich verwendet werden.

**Wärmespeicherung**: Betone können, bedingt durch die hohe Rohdichte, Wärme sehr gut speichern und diese bei Bedarf an die Raumluft wieder abgeben.

**Schalldämmung**: Im Gegensatz zur Wärmedämmung wirkt sich die hohe Rohdichte des Betons hervorragend auf die Luftschalldämmung aus.

**Form- und Raumbeständigkeit**: Beton hat eine gute Form- und Raumbeständigkeit. Infolge des Austrocknens des Zementsteins können oberflächennahe Schwindrisse auftreten, die durch sorgfältige Zusammensetzung und Nachbehandlung vermieden werden können. Bei zu früher Belastung des Bauteils können Formveränderungen eintreten, die als Kriechen bezeichnet werden. Formveränderungen infolge Temperaturveränderungen sind unvermeidbar. Mit Dehnfugen kann solchen Problemen entgegengewirkt werden.

**Dauerhaftigkeit**: Beton ist bei einer auf den Verwendungszweck abgestimmten Zusammensetzung und Herstellung ein dauerhafter Baustoff. Voraussetzung ist allerdings, dass bei der Zusammensetzung und Herstellung die Umweltbedingungen berücksichtigt werden, denen das Bauteil später ausgesetzt ist.

## Expositionsklassen

Die Dauerhaftigkeit von Beton ist im Wesentlichen von den Umweltbedingungen abhängig. In die Norm sind deshalb die Expositionsklassen eingeführt worden. Maßgebliche Kriterien sind dabei die Korrosions- und Angriffsrisiken, denen der Beton in der eingebauten Situation ausgesetzt ist.Die Expositionsklassen gliedern sich in sieben Klassen.

**Tab. 4.2 Expositionsklassen**[1]

| Klasse | Umweltbedingungen | Beispiel | Mindestdruckfestigkeitsklasse |
|---|---|---|---|
| **XO** | Kein Korrosions-oder Angriffsrisiko<br>Zuordnung: bei Beton ohne Bewehrung in nicht betonangreifender Umgebung | | |
| XO | alle<br>außer XF, XA, XM | Fundamente ohne Bewehrung<br>Innenbauteile ohne Bewehrung | C8/10 |
| **XC** | Bewehrungkorrosion durch Karbonatisierung<br>Zuordung: wenn Beton mit Bewehrung der Luft und Feuchtigkeit ausgesetzt ist | | |

(fortgesetzt)

| Klasse | Umweltbedingungen | Beispiel | Mindestdruckfestigkeitsklasse |
|---|---|---|---|
| XC1 | trocken oder ständig nass | Bauteile in Innenräumen, übliche Luftfeuchtigkeit Gründungsbauteile | C16/20 |
| XC2 | nass, selten trocken | | |
| XC3 | mäßige Feuchte | Bauteile, zu denen die Außenluft häufig oder ständig Zugang hat (Hallen, Bäder) | C20/25 |
| XC4 | wechselnd nass und trocken | Bauteile außen, mit direkter Beregnung | C25/30 |
| **XD** | Bewehrungskorrosion durch Chloride, außer Meerwasser<br>Zuordnung: wenn Beton mit Bewehrung chloridhaltigem Wasser, auch Taumittel ausgesetzt ist, ausgenommen Meerwasser | | |
| XD1 | mäßige Feuchte | Bauteile im Sprühnebelbereich von Verkehrsflächen Einzelgaragen | C25/30 mit LP1)<br>C30/37 |
| XD2 | nass, selten trocken | Bauteile, die chloridhaltigen Industrieabwässern ausgesetzt sind | C30/37 mit LP1)<br>C35/45 |
| XD3 | wechselnd nass und trocken | Brückenteile mit häufiger Spritzwasserbeanspruchung | |
| **XS** | Bewehrungs korrosion durch Chloride aus Meerwasser<br>Zuordnung: wenn Beton mit Bewehrung Chloriden aus Meerwasser oder salzhaltiger Luft ausgesetzt ist | | |
| XS1 | salzhaltige Luft, ohne unmittelbaren Kontakt mit Meerwasser | Außenbauteile in Küstennähe | C25/30 mit LP1)<br>C30/37 |
| XS2 | unter Wasser | Bauteile in Hafenanlagen, die ständig unter Wasser liegen | C30/37 mit LP1)<br>C35/45 |
| XS3 | Tidebereiche, Spritzwasser- und Sprühnebelbereich | Kaimauern in Hafenanlagen | |
| **XF** | Frostangriff mit und ohne Taumittel<br>Zuordnung: bei erheblichen Belastungen aus Frost- und Tauwechsel | | |
| XF1 | mäßige Wassersättigung, ohne Taumittel | Außenbauteile | C25/30 |
| XF2 | mäßige Wassersättigung, mit Taumittel | Bauteile im Sprühnebel- oder Spritzwasserbereich von taumittelbehandelten Verkehrsflächen, soweit nicht XF4Bauteile, im Sprühnebelbereich von Meerwasser | C25/30 mit Lp1)<br>C35/45 |
| XF3 | hohe Wassersättigung, ohne Taumittel | offene Wasserbehälter, Bauteile in der Wasserwechselzone von Süßwasser | |
| XF4 | hohe Wassersättigung, mit Taumittel | mit Tausalz behandelte Verkehrsflächen, überwiegend horizontale Bauteile im Spritzwasserbereich von taumittelbehandelten Verkehrsflächen, Räumerlaufbahnen von Kläranlagen, Meerwasserbauteile in der Wechselwasserzone | C30/37 mit LP1) |

（fortgesetzt）

<table>
<tr><th>Klasse</th><th>Umweltbedingungen</th><th>Beispiel</th><th>Mindestdruckfestigkeitsklasse</th></tr>
<tr><td>XA</td><td colspan="3">Betonangriff druch chemischen Angriff<br>Zuordnung: bei chemischem Angriff durch natürliche Böden, Grundwasser, Meerwasser, Abwasser</td></tr>
<tr><td>XA1</td><td>chemisch schwach angreifende Umgebung nach Tab. 2 DIN 1045-2</td><td>Behälter von Kläranlagen, Güllebehälter</td><td>C25/30</td></tr>
<tr><td>XA2</td><td>chemisch mäßig angreifende Umgebung nach Tab. 2 DIN 1045-2 und Meeresbauwerke</td><td>Betonbauteile, die mit Meerwasser in Verbindung kommen, Bauteile, in betonangreifenden Böden</td><td rowspan="2">C30/37 mit LP[1)]<br>C35/45</td></tr>
<tr><td>XA3</td><td>chemisch stark angreifende Umgebung nach Tab. 2 DIN 1045-2</td><td>Industrieabwasseranlagen mit chemisch angreifenden Abwässern, Futtertische der Landwirtschaft, Kühltürme mit Rauchgasableitung</td></tr>
<tr><td>XM</td><td colspan="3">Betonangriff durch Verschleißbeanspruchung<br>Zuordnung: bei erheblichen mechanischen Belastungen</td></tr>
<tr><td>XM1</td><td>mäßige Verschleeißbeanspruchung</td><td>tragende oder aussteifende Industrieböden mit Beanspruchung durch luftbereifte Fahrzeuge</td><td>C25/30 mit LP[1)]<br>C30/37</td></tr>
<tr><td>XM2</td><td>starke Verschleißbeanspruchung</td><td>tragende oder aussteifende Industrieböden mit Beanspruchung durch luft- oder vollgummibereifte Gabelstapler</td><td>C30/37 mit LP[1)]<br>C30/37[2)]<br>C35/45</td></tr>
<tr><td>XM3</td><td>sehr starke Verschleißbeanspruchung</td><td>tragende oder aussteifende Industrieböden mit Beanspruchung durch elastomer- oder stahlrollenbereifte Gabelstapler, mit Kettenfahrzeugen häufig befahrene Oberflächen, Wasserbauwerke in geschiebebelasteten Gewässern, z.B. Tosbecken</td><td>C35/45[2)]<br>C30/37 mit LP[1,2)]</td></tr>
</table>

1) Mit Luftporenbildner möglich, wenn gleichzeitig XF;
2) Hartstoffe nach DIN 1100

## 4.3 Bitumen und Asphalt

### Bitumen

Bitumen bezeichnet ein sowohl natürlich vorkommendes als auch durch

Vakuumdestillation aus Erdöl gewonnenes Gemisch aus verschiedenen organischen Stoffen. Das Materialverhalten ist von der Umgebungstemperatur abhängig.

## Asphalt

Asphalt bezeichnet eine natürliche oder technisch hergestellte Mischung aus dem Bindemittel Bitumen und Gesteinskörnungen, die im Straßenbau für Fahrbahnbefestigungen, im Hochbau für Bodenbeläge, im Wasserbau und seltener im Deponiebau zur Abdichtung verwendet wird.

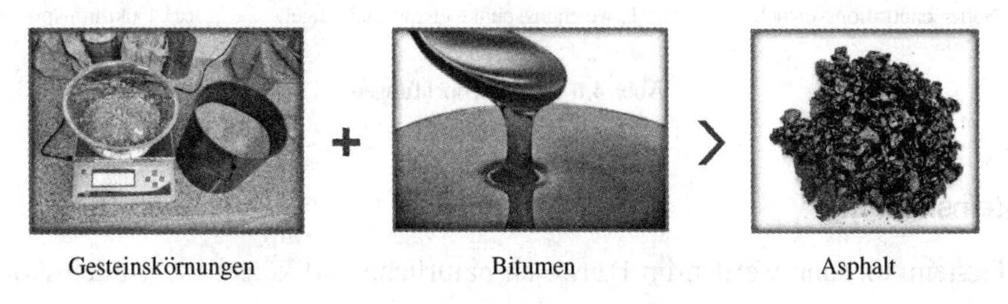


**Abb. 4.5 Bitumen und Asphalt**

## Bitumenprüfungen

**Nadelpenetrationsversuch:** Um die Bitumenhärte zu ermitteln, wird das Prüfverfahren der Nadelpenetration nach DIN EN 1426 angewendet. Hierbei wird das zu testende Bitumen in einem Wasserbad auf 25℃ erwärmt, anschließend wird eine genormte Nadel mit 100g für 5 Sekunden belastet und dringt so in das Bitumen ein. Die Eindringtiefe wird in Zehntelmillimeter angegeben. Um einen Mittelwert bilden zu können, wird der Versuch dreimal, an unterschiedlichen Stellen des Bitumens, wiederholt.

**Erweichungspunkt (Ring und Kugel):** Der Erweichungspunkt von Bitumen ist die Temperatur, bei der das in einem Ring ($\Phi_{innen}$ = 15,7 mm) befindliche Bitumen durch eine 3,50g schwere Stahlkugel verformt wird. Die Prüftemperatur beginnt hierbei bei 5℃ und wird um 5℃/min erhöht. Je höher der Erweichungspunkt ist, desto härter ist das Bitumen.

**Duktilitätsprüfung:** Bei der Prüfung der Duktilität von Bitumen wird eine Probe innerhalb eines Wasserbads, mit konstanter Geschwindigkeit zu einem dünnen

Faden gezogen. Sobald der Faden reißt, ist die maximale Streckbarkeit der Bitumenprobe erreicht. Durch die Messung der verwendeten Zugkraft und des Dehnweges lässt sich die Formänderungsarbeit des Bitumens ermitteln.

(a) Nadelpenetrationsversuch

(b) Erweichungspunkt (Ring und Kugel)

(c) Duktilitätsprüfung

**Abb. 4.6 Bitumenprüfungen**

## Gesteinskörnung

Als Gesteinskörnung werden im Bauwesen natürliche und künstliche Gesteinskörner bezeichnet. Sie stammen entweder aus natürlichen Lagerstätten oder fallen bei der Wiederverwertung von Baustoffen oder als industrielles Nebenerzeugnis an. Die Gesteine liegen entweder als Rundkorn oder in gebrochener Form vor.

Die Gesteinskörnung wird zusammen mit einem Bindemittel (wie etwa Zement oder Kalk) und Zugabewasser zu Beton und Mörtel verarbeitet. Verbindet man die Gesteinskörnung mit Bitumen, kann Asphalt hergestellt werden.

(a) Asphalttragschicht

(b) Asphaltbinderschicht

(c) Asphaltdeckschicht

**Abb. 4.7 Gesteinskörnung für Asphalt**

Im Straßenbau werden Gesteinskörnungen für den Bau von Asphaltstraßen verwendet. Asphalt besteht aus Mineralstoffen (Gesteinen) und Bitumen als Bindemittel. Werden Art oder Menge dieser Komponenten verändert, bekommt der Asphalt unterschiedliche Eigenschaften und kann so den geforderten Bedingungen angepasst werden. Beim Aufbau einer Asphaltstraße sieht man Asphalttragschicht, Asphaltbinderschicht und Asphaltdeckschicht mit den Gesteinskörnungen mit verschiedenen Korngrößen.

## Ⅰ. Übung

1. Was versteht man unter Reindichte, Rohdichte und Schüttdichte?

2. Wie sieht die Betonzusammensetzung aus?

3. Was ist der Unterschied zwischen Beton und Mörtel?

4. Was bedeuten die Werte 35 und 40 bei C35/40?

5. Welche Bitumenprüfungen gibt es?

6. Bitte beschreiben Sie den Herstellungsablauf von Zement und übersetzen Sie dies.

## Ⅱ. Wörterliste

| | | |
|---|---|---|
| die | Abdichtung, -en | 防水 |
| | abkühlen | 冷却 |
| | anorganisch | 无机的 |
| der | Asphalt, -e | 沥青混合料 |
| die | Asphaltbinderschicht, -en | 基层 |
| die | Asphaltdeckschicht, -en | 面层 |
| die | Asphaltstraße, -n | 沥青道路 |
| die | Asphalttragschicht, -en | 底基层 |
| | aufschlämmen | 悬浮 |

| | | |
|---|---|---|
| das | Ausbreitmaß, -e | 扩展度 |
| der | Ausbreitversuch, -e | 扩展度试验 |
| die | Ausgangslänge, -n | 原长 |
| der | Ausgangsstoff, -e | 原材料 |
| der | Baukalk, -e | 石灰 |
| | befördern | 运输 |
| der | Betonverflüssiger, - | 混凝土减水剂 |
| die | Betonzusammensetzung, -en | 混凝土的组成 |
| der | Beschleuniger, - | 早强剂 |
| das | Bindemittel, -n | 胶凝材料 |
| das | Bitumen, -mina | 沥青 |
| die | Bitumenhärte, -n | 沥青硬度 |
| die | Bitumenprobe, -n | 沥青试样 |
| die | Bitumenprüfung, -en | 沥青试验 |
| der | Bodenbelag, -beläge | 地面铺装 |
| der | Brecher, - | 破碎机 |
| die | Dauerhaftigkeit, nur Sg. | 耐久性 |
| die | Dehnung, -en | 应变 |
| der | Dehnweg, -e | 拉伸长度 |
| die | Deponie, -n | 垃圾填埋场 |
| die | Dichte, -n | 密度 |
| die | Dose, -n | 盆；罐子 |
| der | Drehrohrofen, -öfen | 转炉 |
| die | Druckfestigkeit, -en | 抗压强度 |
| die | Duktilitätsprüfung, -en | 延度试验 |
| | eindringen | 插入 |
| die | Eindringtiefe, -n | 插入深度 |
| das | Eisenerz, -e | 铁矿 |
| das | Erdöl, -e | 石油 |
| die | Erhärtungsreaktion, -en | 硬化反应 |
| | erwärmen | 加热 |
| der | Erweichungspunkt | |

| | | |
|---|---|---|
| | (Ring und Kugel), -e | 软化点(环球法) |
| die | Expositionsklasse, -n | 环境等级 |
| der | Faden, Fäden | 丝 |
| | feinkörnig | 细颗粒的 |
| der | Festbeton, -e | 硬化混凝土 |
| die | Festigkeitsklasse, -n | 强度等级 |
| | fließend | 流动的 |
| die | Flugasche, -n | 粉煤灰 |
| die | Formänderung, -en | 变形 |
| der | Frischbeton, -e | 新拌混凝土 |
| die | Frostbeständigkeit, -en | 抗冻性 |
| das | Gemisch, -e | 混合物 |
| | gemischtkörnig | 混合颗粒的(粗细颗粒都有) |
| die | Gesteinskörnung, -en | 骨料;矿质混合料 |
| das | Gesteinsmehl, -e | 石粉 |
| der | Gips, -e | 石膏 |
| das | Gleitmittel, - | 润滑剂 |
| der | Gleitwiderstand, -stände | 滑动阻力 |
| die | Haftung, -en | 粘结 |
| der | Herstellungsablauf, -abläufe | 制备过程 |
| | homogenisieren | 均化 |
| die | Hydratation,-en | 水化作用 |
| der | Kalk, -e | 石灰 |
| der | Kalkstein, -e | 石灰石 |
| die | Kapillarpore, -n | 毛细孔 |
| die | Kenngröße, -n | 参数 |
| der | Kies, -e | 碎石 |
| der | Klinker, - | 熟料 |
| die | Konsistenz,nur Sg. | 稠度 |
| die | Konstante, -n | 常量 |
| das | Korn,Körner | 颗粒 |
| die | Korngröße, -n | 粒径 |

| | | |
|---|---|---|
| die | Korrosion, -en | 腐蚀 |
| die | Kugelmühle, -n | 球磨机 |
| der | Kühler, - | 冷却塔 |
| das | Kunstharz, -e | 人造树脂,合成树脂 |
| | lagern | 储存 |
| die | Lagerstätte, -n | 岩层,矿层 |
| die | Längenänderung, -en | 长度变化 |
| der | Luftporenbildner, - | 引气剂 |
| | mahlen | 研磨 |
| die | Masse, -n | 质量 |
| die | Mischung, -en | 混合物 |
| der | Mörtel, - | 砂浆 |
| der | Nadelpenetrationsversuch, -e | 针入度试验 |
| die | Pore, -n | 孔隙 |
| die | Probe, -n | 试样,试块 |
| der | Probekörper, - | 试样 |
| die | Prüftemperatur, -en | 测试温度 |
| | pulverig | 粉状的 |
| die | Rohdichte, -n | 表观密度 |
| das | Rohmaterial, -ien | 原材料 |
| das | Rohmehl, -e | 生粉 |
| der | Rohstoff, -e | 原料 |
| die | Schalldämmung, -en | 隔声 |
| die | Sieblinie, -n | 级配曲线 |
| der | Siebversuch, -e | 筛分试验 |
| die | Stahlkugel, -n | 钢球 |
| die | Streckbarkeit,-en | 可拉伸性 |
| die | Schüttdichte, -n | 堆积密度 |
| das | Thermometer, - | 温度计 |
| die | Trockenrohdichte, -n | 表干密度 |
| | trocknen | 烘干 |

| | | |
|---|---|---|
| | umwandeln | 转化 |
| die | Vakuumdestillation, -en | 真空蒸馏 |
| die | Verarbeitbarkeit, -en | 可加工性;和易性 |
| der | Verdichtungsgrad, -e | 密实度 |
| | verladen | 装载 |
| | vermahlen | 研磨 |
| das | Volumen, - | 体积 |
| der | Wärmeausdehnungskoeffizient, -en | 热膨胀系数 |
| die | Wärmedämmung, -en | 隔热 |
| der | Wärmeleiter, - | 热导体 |
| die | Wärmespeicherung, -en | 热储存 |
| die | Wasseraufnahmefähigkeit,-en | 吸水性 |
| das | Wasserbad, -bäder | 水浴 |
| der | Wassergehalt, -e | 含水量 |
| der | Wasser/Zement-Wert (w/z-Wert), -e | 水灰比 |
| der | Würfel, - | 立方体 |
| der | Zement, -e | 水泥 |
| der | Zementleim, -e | 水泥浆 |
| der | Zementstein, -e | 水泥石 |
| das | Zementwerk, -e | 水泥厂 |
| | zerkleinern | 碾碎 |
| das | Zugabewasser, - | 加入的水 |
| die | Zusammensetzung, -en | 组成 |
| das | Zusatzmittel, - | 外加剂 |
| der | Zusatzstoff, -e | 掺合料 |
| der | Zuschlag, -läge | 骨料;矿质混合料 |
| der | Zylinder, - | 圆柱体 |

## Ⅲ. Ergänzung

Video „Die deutschen Fachbegriffe für häufig verwendeten Baustoffe“ und „Laborübungen für Bitumen und Asphalt“

# Kapitel 5

# Bauphysik

## 5.1 Wärmeschutz

In der heutigen Zeit kommt dem Wärmeschutz eine große Bedeutung zu. In Gebäuden soll eine Wohlfühltemperatur von ca. 22 ℃ über das ganze Jahr vorhanden sein. Im Sommer kann diese Temperatur durch hohe Außentemperaturen auch überschritten werden. In der Regel betrifft die aber nur wenige Tage bis max. wenige Wochen im Jahr. Durch die Einhaltung von Konstruktionsregeln für den sommerlichen Wärmeschutz kann diese Überschreitung der Wohlfühltemperatur mit passiven Maßnahmen (hohe Masse von raumabschließenden Bauteilen und Verschattungskonstruktionen wie zum Beispiele Rollläden oder außenangebrachten Jalousien) auf ein Minimum reduziert werden — ohne aktive Maßnahmen wie zum Beispiel eine Kühlanlage. Der winterliche Wärmeschutz bedarf aber in der Regel aktiver Maßnahmen und damit auch energieverbrauchender Maßnahmen — einer Heizung. Um den Energieverbrauch zu senken ist es sinnvoll, das Gebäude möglichst gut gegen Wärmeverluste zu dämmen.

### Wärmeausdehnung

Unter Wärmeausdehnung versteht man die Änderung der geometrischen Abmessung (Länge, Flächeninhalt, Volumen) eines Körpers, hervorgerufen durch eine Veränderung seiner Temperatur.

**Ausdehnungskoeffizient**: Der Ausdehnungskoeffizient ist ein Kennwert, der das

Verhalten eines Stoffes bezüglich Veränderung seiner Abmessung bei Temperaturveränderungen beschreibt. Durch genaue Messungen hat man für die verschiedensten Baustoffe spezifische Wärmeausdehnungskoeffizient ermittelt (Tab. 5.1).

**Tab. 5.1 Wärmeausdehnung verschiedener Baustoffe[1]**

| Baustoff | α(mm/m · K) |
|---|---|
| Ziegelmauerwerk | 0,006 |
| Mauerwerk Kalksandstein | 0,008 |
| Normalbeton | 0,010 |
| Porenbeton | 0,008 |
| Stahl | 0,012 |
| Kupfer | 0,016 |
| Aluminium | 0,024 |
| PVC | 0,08 |
| Bauglas, Fliesen | 0,008 |
| Holz | 0,003 |

## Wirkungen von Wärme[1]

**Wärmeströmung:** Wärme strömt, wenn Temperaturunterschiede herrschen. Flüssigkeiten und Gase sind Träger der Wärme. Erwärmte Teile dehnen sich aus, sind somit leichter als ihre Umgebung und steigen nach oben, während die kälteren, schwereren Teile nach unten sinken. Dieses Wirkprinzip dient der Heizung mit ihren Heizkörpern (Abb. 5.1).

**Wärmeleitung:** Im Gegensatz zu Flüssigkeiten und Gasen wird in festen Körpern Wärme von Teilchen eines Körpers auf unmittelbar benachbarte weniger warme Teilchen weitergeleitet. Dieses wird als Wärmeleitung bezeichnet und ist für verschiedene Stoffe unterschiedlich. Stoffe mit hoher Rohdichte leiten Wärme besser als Stoffe mit geringer Rohdichte. Betrachtet man die Außenwand eines Gebäudes (Abb. 5.2), so soll der Wärmeverlust minimal sein. Dies kann durch eine geeignete Dämmung (Abb. 5.3) geschehen.

Dämmstoffe sind aufgrund ihrer geringen Rohdichte und ihres hohen Anteils an Luftporen schlechte Wärmeleiter.

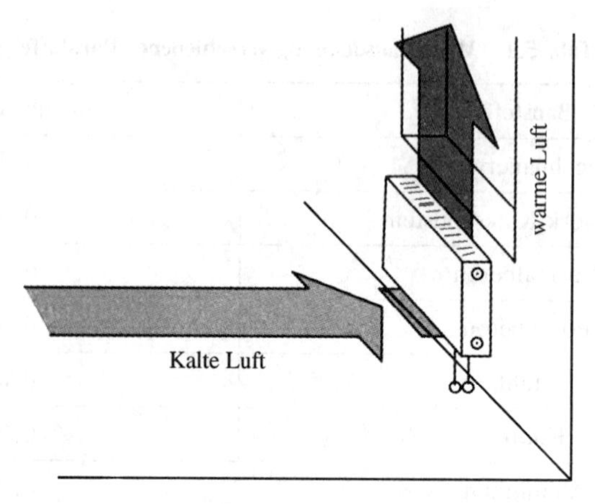


**Abb. 5.1 Heizkörper, Wärmeströmung**[1]

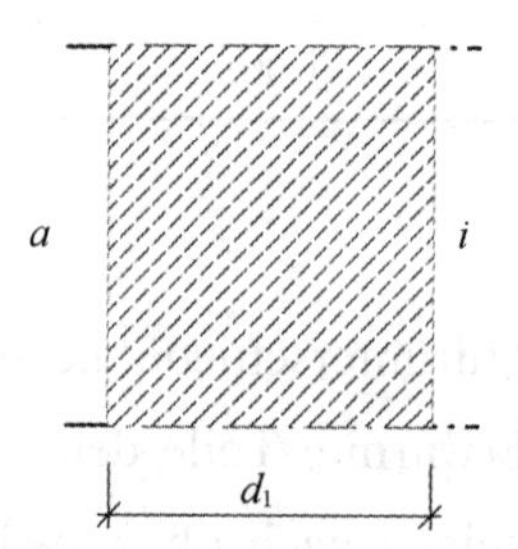


**Abb. 5.2 Schnitt durch die Außenwand eines Gebäudes aus Beton**[1]

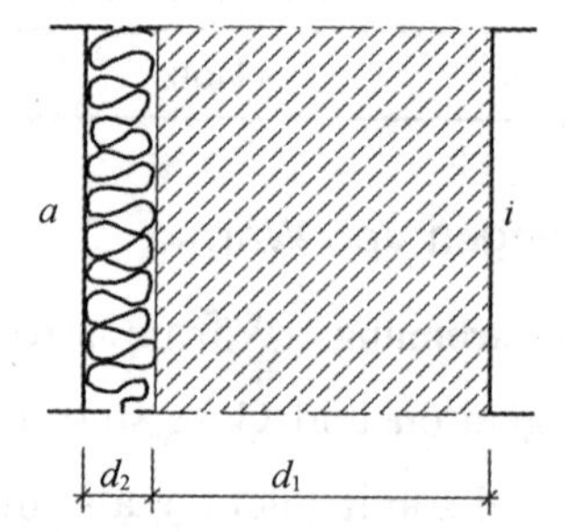


**Abb. 5.3 Dämmung der Außenwand**[1]

**Wärmestrahlung**: Scheint Sonne auf eine Gebäudewand, so erwärmt sich diese. Je dunkler und rauer die Fläche ist, desto mehr Wärme kann sie aufnehmen. Helle, glatte Flächen nehmen wenig Wärmestrahlen auf.

**Wärmedämmung**: Hauptaufgabe der Wärmedämmung ist es, Wärme möglichst lange in einem Raum zu halten. In einem Haus gibt ein Raum Wärme über Wände, Decken, Fußböden und über das Dach ab. Ziel der Energieeinsparverordnung (EnEV) ist es, die Wärmeverluste zu minimieren.

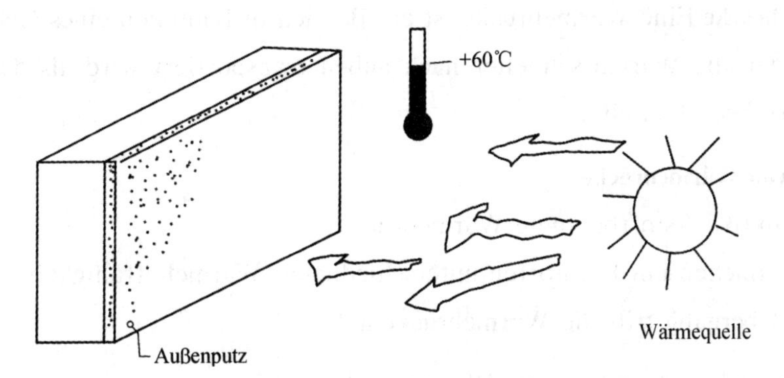


**Abb. 5.4 Wärmestrahlung**[1]

Wärmedämmstoffe (z. B. Polystyrol, Mineralfaser usw.) weisen eine sehr geringe Rohdichte und eine geringe Wärmeleitfähigkeit auf.

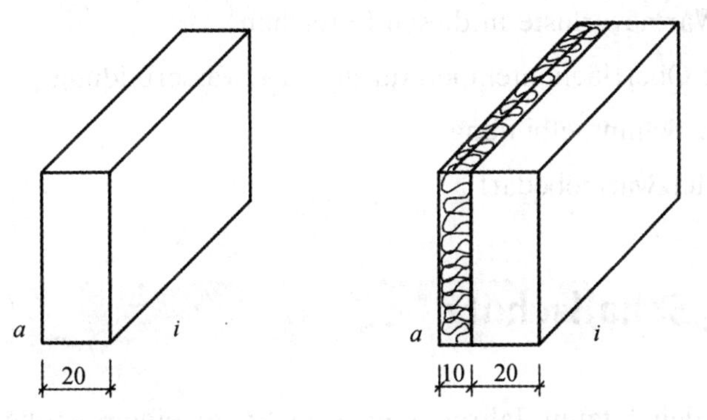


**Abb. 5.5 Betonaußenwand: einmal ohne, einmal mit Außendämmung**[1]

**Wärmeleitfähigkeit**: Die Wärmeleitfähigkeit der Baustoffe wird durch die Wärmeleitzahl λ bestimmt, die Einheit der Wärmeleitfähigkeit ist W/(m · K). Sie gibt an, welche Wärmemenge je Sekunde durch ein Bauteil mit einer Fläche von 1 $m^2$ mit einer Dicke von 1 m geleitet wird bei einer Temperaturdifferenz an den Oberflächen von 1 Kelvin.

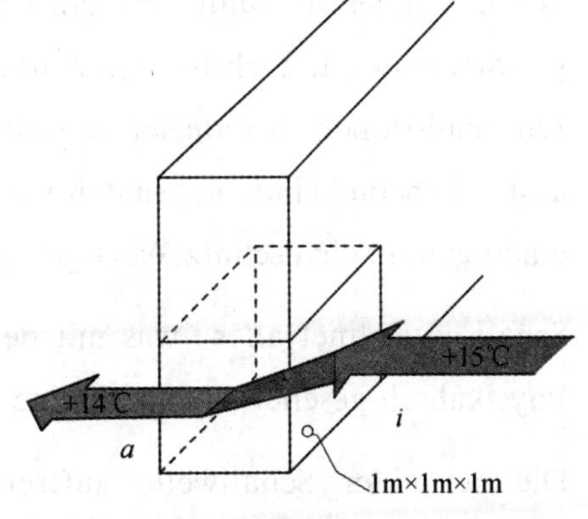


**Abb. 5.6 Wärmeleitfähigkeit einer Wand**[1]

**Wärmebrücke** Eine Wärmebrücke ist ein Bereich in Bauteilen eines Gebäudes, durch den die Wärme schneller nach außen transportiert wird als durch die angrenzenden Bauteile.

**Arten von Wärmebrücke**

Konstruktive / stoffbedingte Wärmebrücke:

- In Bereichen mit Baustoffen unterschiedlicher Wärmeleitfähigkeit
- Am Übergang tritt die Wärmebrücke auf

Geometrische / formbedingte Wärmebrücke:

- Bei Bauteilen, die von der ebenen Form abweichen (Bsp. Ecke)
- Abhängig vom Verhältnis der wärmeaufnehmenden zur abgebenden Fläche

**Folgen von Wärmebrücke**

- Erhöhte Wärmeverluste in diesen Bereichen
- Niedrigere Oberflächentemperatur ggf. Tauwasserbildung
- Gefahr der Schimmelbildung
- Höherer Heizwärmebedarf

## 5.2 Schallschutz

Lärm ist in den letzten Jahren immer mehr zu einem großen Problem im Wohnungsbau geworden. Durch die steigenden Lärmemissionen des Verkehrs und der Industrie fühlt sich ein Großteil der Bevölkerung durch den Lärm gestört. Dies gilt auch für den Aufenthalt in den Räumen. Maßnahmen um die Lärmemissionen zu reduzieren greifen zwar bereits, aber bieten noch keinen ausreichenden Schutz gegen den Lärm. Daher sollte beim Bau eines Hauses auf einen guten Schallschutz Wert gelegt werden.

Schall bezeichnet alles, was mit dem menschlichen Gehör wahrnehmbar ist. Physikalisch gesehen ist Schall eine Welle[1].

Die bei einer Schallwelle auftretenden periodischen Druckschwankungen werden vom menschlichen Ohr als Schalldruck wahrgenommen. Der Maßstab

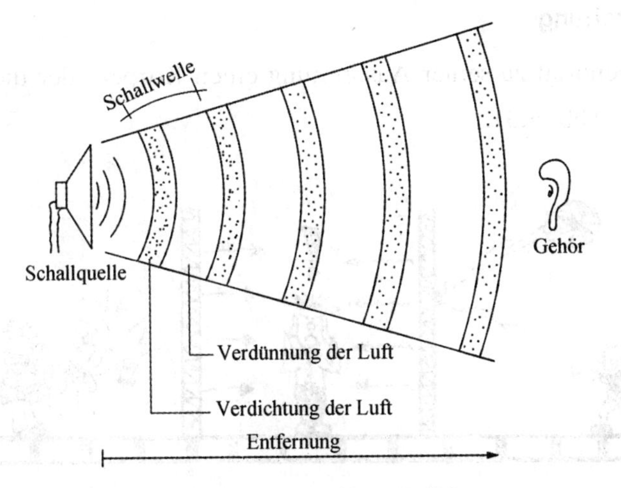


**Abb. 5.7 Schallausbreitung**[1]

hierfür ist der Schalldruckpegel Dezibel (dB). Zusätzlich wird das Hörempfinden auch durch unterschiedliche Frequenzen beeinflusst. Bei der Bestimmung des Schalldruckpegels wird bei der technischen Messvorrichtung ein Filter (A) vorgeschaltet. Der so gemessene und bewertete Schalldruckpegel wird mit der Einheit dB(A) wiedergegeben[1].

**Tab. 5.2 Schallpegel verschiedener Geräusche**[1]

| Schallpegel | dB(A) |
|---|---|
| Hörschwelle | 0 |
| Blätterrauschen, normales Atmen | 10 |
| Leise Unterhaltung | 40 |
| Stressgrenze. Laute Unterhaltung | 60 |
| Bürolärm, Haushaltslärm | 70 |
| Starker Straßenlärm, Staubsauger, Schreien | 80 |
| Autohupen, Hauptverkehrsstraße | 90 |
| Baukreissäge, Presslufthammer, Diskomusik | 100 |
| Flugzeug in geringer Entfernung, Techno-Disko, SCHMERZSCHWELLE | 120 |
| Bundeswehrgewehr G 3 in Ohrnähe. Ohrfeige aufs Ohr | 170 |

## Schallausbreitung[1]

Der Schall benötigt zu seiner Ausbreitung einen Körper, der die Schallwellen weiterleitet (Abb. 5.8).

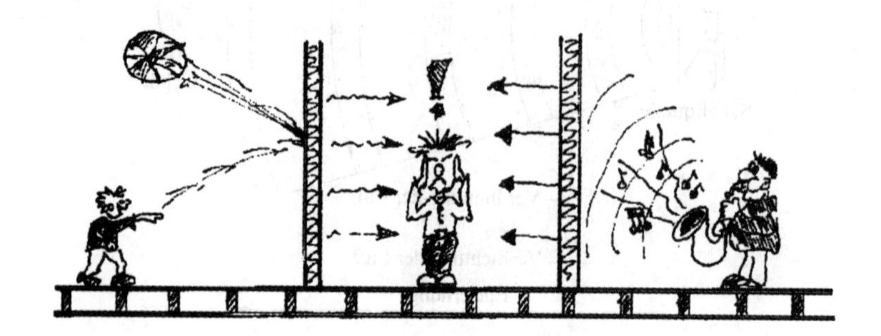

**Abb. 5.8 Körper-, Tritt-, Luftschall[1]**

Luftschall ist Schallwellen, die durch die umgebende Luft weitergeleitet werden. Körperschall nennt man den Schall, der sich in festen Stoffen ausbreitet und von dort dann auf die Luft. Trittschall entsteht ursächlich durch Körperschall (Fußtritte, Klopfen), der seinerseits Wände oder Decken zur Abstrahlung von Luftschall anregt und so für uns hörbar wird (Abb. 5.9).

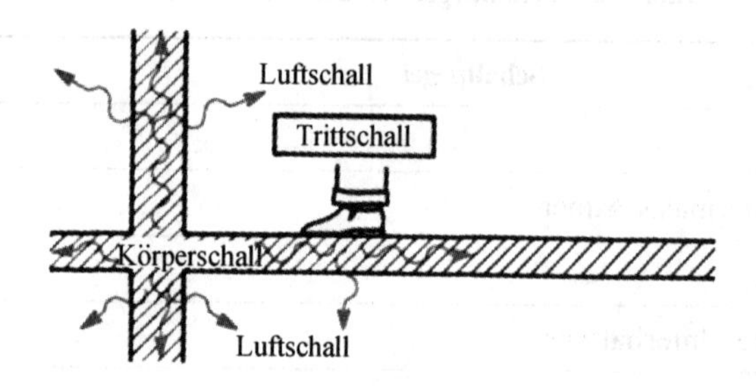


**Abb. 5.9 Beispiel der Schallausbreitung[1]**

Unter Schallschutz versteht man:

- Maßnahmen gegen die Schallentstehung
- Maßnahmen, die die Schallübertragung von einer Schallquelle zum Hörer mindern

### Konstruktiver Schallschutz

Schallschutz bedeutet geeignete Maßnahmen zu ergreifen, um Schallentstehung zu vermeiden und um die Übertragung entstehenden Schalls weitgehend zu minimieren.
Hier sind zwei konstruktive Maßnahmen zu unterscheiden: die Schalldämmung und die Schallschluckung.

Schalldämmung bezeichnet die Behinderung der Schallausbreitung von Luftschall oder Körperschall durch Schallreflexion des sich ausbreitenden Schalls. Die Aufgaben der Schallschluckung (Adsorption) können in großen Räumen, in denen die Akustik im Vordergrund steht, im Wesentlichen durch Akustikdecken gelöst werden.

## 5.3 Feuchteschutz

Gebäude unterliegen ständig den Umwelteinflüssen. Das Ziel der Nutzung ist es, dass die Innenräume eines Gebäudes unabhängig von den Umwelteinflüssen ein für die Nutzung angestrebtes Raumklima haben. Daher ist es notwendig, dass Feuchtigkeit nicht in die Gebäude eintritt. Wichtig dabei ist, dafür zu sorgen, dass nicht nur Nässe infolge von Regen nicht eindringt, sondern auch keine Feuchtigkeit, infolge derer die Materialien zerstören werden könnten.

Für die Fernhaltung der Feuchtigkeit gibt es mehrere Strategien:

- Abdichtung
- Auslegung der Konstruktion für einen hohen Eindringwiderstand gegenüber Feuchte
- Konstruktive Fernhaltung des Wassers vom Gebäude

### Tauwasserbildung

Tauwasser entsteht, wenn der in der Luft vorhandene Wasserdampf vom gasförmigen (unsichtbaren) in den flüssigen (sichtbaren) Zustand übergeht (z.B. Nebel, beschlagene Scheiben).

Luft enthält immer Feuchtigkeit — je nach Temperatur und Luftdruck unterschiedlich viel. Die relative Luftfeuchtigkeit bezeichnet das Verhältnis der vorhandenen Wasserdampfmenge zur Sättigungsmenge. Ist der Sättigungspunkt erreicht (100%), kondensiert der Wasserdampf zu Tauwasser. Die Sättigungsmenge ist abhängig von der Lufttemperatur: Warme Luft kann viel Feuchtigkeit aufnehmen, kalte Luft wenig. Sinkt die Temperatur, sinkt auch der Sättigungsgrad. Die Grenztemperatur ist die Taupunkttemperatur.

**Tauwasserschutz**

- Tauwasser tritt dann auf, wenn die Temperatur der Bauteiloberfläche unter der Taupunkttemperatur der umgebenden Luft liegt.
- Aufgrund unterschiedlicher Klimawerte (Lufttemperatur, -feuchtigkeit,) von beheizter und unbeheizter Luft entsteht im Winter ein Wasserdampfdruckgefälle, das zur Wasserdampfdiffusion von innen nach außen führt.

Ziel des Tauwasserschutzes von Bauteilen ist die Vermeidung von Bauschäden und gesundheitlichen Beeinträchtigungen durch Tauwasserbildung an der Bauteiloberfläche und im Bauteilquerschnitt.

## 5.4 Brandschutz

Bei einem Brand wird das Gebäude stark erhitzt. Die Nachweise im Grenzzustand der Tragfähigkeit unter den ständigen Einwirkungen berücksichtigen diese hohen Temperaturen nicht. Brand ist aufgrund seiner geringen Eintrittswahrscheinlichkeit ein außergewöhnlicher Lastfall. Die Bemessung kann als sogenannte Heißbemessung durchgeführt werden. Hierzu ist es notwendig, dass die Materialkennwerte für hohe Temperaturen bekannt sind.

Brandschutzkonzepte:

- Vorbeugung gegen Brandentstehung
- Brand rechtzeitig entdecken (Brandmelder) und löschen (Sprinkler)
- Konstruktiver Brandschutz
- Ausbrand und Einsturz akzeptieren (Nachbarschaftschutz)

Brandschutzmaßnahmen:

- Entstehung eines Brandes vorbeugen
- Flucht und Rettung von Menschen ermöglichen
- Ausbreitung von Feuer und Rauch innerhalb des Gebäudes begrenzen
- Ausbreitung von Feuer auf benachbarte Gebäude verhindern
- Wirksame Löscharbeiten ermöglichen

Brandschutz auf Baustelle:

- Absperrung durch Bauzäune
- Flucht- und Rettungswege einrichten
- Feuerlöscheinrichtungen anlegen
- Brennbares Material kennzeichnen und getrennt lagern
- Brandgefährliche Arbeiten (Schweißen, Trennschleifen usw.) nur mit der erforderlichen Sorgfalt, Sicherheit und Aufsicht, nur mit Erlaubnisschein durch Bauleitung

## Ⅰ. Übung

1. Was ist eine Wärmebrücke? Welche Folgen haben Wärmebrücken?

2. Wo im Zimmer soll ein Heizkörper am besten installiert werden?

3. Was ist der Unterschied zwischen Luftschall und Körperschall?

4. Wie entsteht Tauwasser?

5. Bitte nennen Sie drei Brandschutzmaßnahmen.

## Ⅱ. Wörterliste

| | | |
|---|---|---|
| die | Abdichtung, -en | 防水,防潮 |
| | abgeben | 释放 |
| | abweichen | 偏离 |
| die | Absperrung, -en | 封锁,隔离 |
| | anlegen | 放置 |
| der | Anteil, -e | 含量,成分 |
| | aufnehmen | 承受;吸收 |
| | auftreten | 出现,发生 |
| | aufweisen | 展现 |
| der | Ausbrand, -brände | 燃尽 |
| | ausbreiten | 扩散,传播 |
| die | Ausbreitung, -en | 扩散,传播 |
| die | Bauphysik, nur Sg. | 建筑物理 |
| die | Beeinträchtigung, -en | 损害,妨碍 |
| | benachbart | 相邻的 |
| | beweglich | 可移动的 |
| die | Brandentstehung, -en | 火灾的形成 |
| der | Brandmelder, - | 火灾报警器,烟雾报警器 |
| der | Brandschutz, nur Sg. | 防火 |
| der | Dämmstoff, -e | 隔热材料 |
| der | Deckenputz, nur Sg. | 楼板抹灰 |
| die | Eigenlast, -en | 自重 |
| die | Einrichtung, -en | 建造;布置 |
| der | Einrichtungsgegenstand, -stände | 家具 |
| der | Einsturz, -stürze | 崩塌,倒塌 |
| die | Energieeinsparverordnung(EnEV) | 节能规范 |
| der | Energieverbrauch, -verbräuche | 能源消耗 |
| | entdecken | 发现 |
| der | Feuchteschutz, nur Sg. | 防潮 |
| die | Feuchtigkeit, -en | 湿度 |

| | | |
|---|---|---|
| die | Flucht, -en | 逃离 |
| | flüssig | 液态的 |
| die | Flüssigkeit, -en | 液体 |
| das | Gas, -e | 气体 |
| | gasförmig | 气态的 |
| die | Gefahr, -en | 危险,危害 |
| | geometrisch | 几何的 |
| das | Geräusch, -e | 噪音 |
| die | Geschossdecke, -n | 楼板 |
| | ggf. = gegebenenfalls | 如有必要,可能 |
| | glatt | 平的,光滑的 |
| der | Heizkörper, - | 暖气片 |
| der | Heizwärmebedarf,-e | 供暖需求 |
| | hell | 亮的,浅色的 |
| | hinsichtlich | 关于 |
| der | Innenraum, -räume | 室内 |
| der | Kalksandstein, -e | 灰砂砖 |
| der | Keller, - | 地下室 |
| | konstruktiv | 结构的 |
| der | Körperschall, -e | 固体声 |
| | lagern | 存放 |
| der | Lärm, nur Sg. | 噪音 |
| die | Lärmemission, -en | 噪声排放 |
| | leiten | 传导 |
| der | Luftdruck, -drücke | 气压 |
| die | Luftpore, -n | 孔隙 |
| der | Luftschall,-e | 空气声 |
| die | Masse, -n | 质量 |
| die | Maßnahme, -n | 措施 |
| | mindern | 减少 |
| die | Mithilfe, -n | 帮助 |

| | | |
|---|---|---|
| der | Nebel, - | 雾 |
| die | Oberflächentemperatur, -en | 表面温度 |
| das | Polystyrol, -e | 聚苯乙烯 |
| das | Raumklima, -klimata | 室内温湿度 |
| | rau | 粗糙的 |
| die | Rettung, -en | 救援 |
| die | Rohdichte, -n | 表观密度 |
| die | Sättigungsmenge, -n | 饱和度 |
| die | Schallausbreitung, -en | 声传播 |
| die | Schalldämmung- en | 隔声 |
| die | Schallentstehung, -en | 噪声产生 |
| die | Schallübertragung, -en | 声音传播 |
| der | Schallpegel, - | 声级 |
| die | Schallquelle, -n | 声源 |
| die | Schallreflexion, -en | 声反射 |
| der | Schallschutz, nur Sg. | 噪声防护 |
| die | Schallschluckung, nur Sg. | 声吸收,吸声 |
| die | Schimmelbildung, -en | 发霉 |
| der | Sprinkler, - | 洒水器;洒水装置 |
| | stoffbedingt | 材料相关的 |
| die | Stützwand, -wände | 挡土墙 |
| die | Taupunkttemperatur, -en | 露点温度 |
| das | Tauwasser, nur Sg. | 冷凝水 |
| die | Tauwasserbildung, -en | 冷凝水的形成 |
| der | Temperaturunterschied, -e | 温差 |
| das | Trennschleifen, nur Sg. | 切割 |
| der | Übergang, -gänge | 过渡区域 |
| der | Umweltschutz, nur Sg. | 环境保护 |
| | unsichtbar | 不可见的 |
| das | Verhalten,- | 行为;性能 |
| | verhindern | 阻止 |

| | | |
|---|---|---|
| | vermeiden | 避免 |
| die | Vermeidung, -en | 避免 |
| die | Vorbeugung, -en | 预防 |
| | wärmeaufnehmend | 吸热的 |
| der | Wärmeausdehnungskoeffizient,-en | 热膨胀系数 |
| die | Wärmebrücke, -n | 热桥 |
| die | Wärmedämmung, -en | 保温;隔热 |
| der | Wasserdampf, -dämpfe | 水蒸气 |
| das | Wasserdampfdruckgefälle, - | 水蒸气压力差 |
| der | Wärmeleiter, - | 热导体 |
| die | Wärmeleitfähigkeit, -en | 导热性;热传导率 |
| die | Wärmeleitung, -en | 热传导 |
| die | Wärmemenge, -n | 热量 |
| die | Wärmequelle, -n | 热源 |
| der | Wärmeschutz, nur Sg. | 保温 |
| die | Wärmestrahlung, -en | 热辐射 |
| die | Wärmeströmung, -en | 热对流 |
| der | Wärmeverlust, -e | 热量损失 |
| die | Welle, -n | 波 |
| | zerstören | 破坏,损坏 |

Kapitel 6

# Brückenbau

## Definition Brückenbau

Der Brückenbau beschäftigt sich mit allen bautechnischen Fragestellungen von Bauwerken, die in der Regel einen Verkehrsweg über einen anderen Verkehrsweg, ein Gewässer oder ein tiefergelegenes Gelände führen.

## Bauwerkstypen

Die Einteilung der Brücke kann nach unterschiedlichen Kriterien erfolgen, z.B. nach Material, nach Nutzung oder nach Form und Konstruktion.

### Bauwerkstypen nach Material

Nach dem verwendeten Material werden Brücken in verschiedenen Bauwerkstypen eingeteilt. Dies sind z. B. Holzbrücken, Massivbaubrücken (z.B. Natursteinbrücken, Brücken aus Mauerwerk, Stahlbetonbrücken und Spannbetonbrücken), Brücken aus Metall (z.B. Stahlbrücken, Brücken aus Aluminium (meist für mobilen Einsatz) oder Eisenbrücken (nur historische Anwendung) sowie Stahlverbundbrücken.

Holz ist einer der ältesten Brückenbaumaterialien. Heute verwendet man Holz in erster Linie bei Fußgängerbrücken. Der Vorteil ist das niedrige Eigengewicht des Holzes sowie die Nachhaltigkeit des Materials. In Abb. 6.1 zeigt die Holzbrücke in Badsäckingen; die längste gedeckte Holzbrücke Europas. Der Überbau der Brücke ist aus Holz.

Natursteinbrücken sind eine weitere sehr alte Brückenarten. Sie wurde hauptsächlich als Bogenbrücke gebaut (siehe Abb. 6.1 Natursteinbrücke). Die älteste Bogenbrücke in China ist die Zhaozhou Brücke.

Beton kann große Druckkräfte aber nur geringe Zugkräfte aufzunehmen. Deshalb wird Beton in Kombination mit Stahl als Stahlbeton oder Spannbeton eingesetzt. Die so erstellten Brücken werden entsprechend Stahlbetonbrücken oder Spannbetonbrücken genannt (siehe Abb. 6.1 Spannbetonbrücke).

Unter einer Stahlbrücke versteht man eine Brücke aus Stahl hergestellt wird (siehe Abb. 6.1 Stahlbrücke). Früher wurden auch Brücken aus Gusseisen gebaut, doch diese haben nur mehr historische Bedeutung.

Natursteinbrücke

Spannbetonbrücke

Stahlbrücke

[Quelle: http://www.steel-bridge.cn]

Stahlverbundbrücke

[Quelle: http://www.baustatik-radin.de]

**Abb. 6.1 Bauwerkstypen nach Material**

Brücken, die in Stahlverbundbauweise hergestellt wurden, nennt man Stahlverbundbrücken. Bei Stahlverbundbrücken bestehen die Hauptträger aus Stahlprofilen und die darüber liegende Fahrbahnplatte aus Beton. Somit nimmt der Stahlträger die Biegezugspannung auf und die breite Betonplatte übernimmt die Biegedruckspannungen in der Druckzone. Als Verbindungsmittel zwischen Stahl und Beton verwendet man üblicherweise Kopfbolzendübel (siehe Abb. 6.1 Stahlverbundbrücke).

**Bauwerkstypen nach Nutzung**

Bezogen auf die Nutzung der Fahrbahn werden Brücken in Fußgänger- und Radwegbrücke, Straßenbrücke, Autobahnbrücke, Eisenbahnbrücke und Wasserstraßenbrücke eingeteilt.

**Bauwerkstypen nach Form und Konstruktion**

Nach Form und Konstruktion der Brücke unterscheiden sich viele Brückentypen. Es gibt Balkenbrücken, Bogenbrücken, Fachwerkbrücken, Hängebrücken, Schrägseilbrücken und bewegliche Brücken.

## Balkenbrücke

Im Vergleich mit den anderen Brückentypen ist die Balkenbrücke die älteste Brückenform. So wurden z.B. Baumstämme einfach über kleine Bäche gelegt um diese einfach überqueren zu können; eine einfache Balkenbrücke. Für kurze Spannweiten ist sie vergleichsweise kostengünstig. Wegen der einfachen Fertigung ist die Balkenbrücke relativ häufig zu finden.

Bei Balkenbrücke entstehen durch Belastung auf der Oberseite Druckkräfte, während auf der Unterseite Zugkräfte wirken. Die Lasten werden am Widerlager direkt in den Untergrund abgetragen.

## Bogenbrücke

Innerhalb eines Bogens entstehen vorwiegend Drucknormalkräfte. Die Belastung überdrückt das Material und hält es zusammen. Somit können hierfür auch behauene Steine oder Mauerwerk mit einer trockenen Fuge verwendet werden. Die Schubkräfte werden zur Seite und nach unten in den Widerlagern abgetragen. Es entsteht in Folge eine horizontale Kraft im Widerlager.

Je nach der Lage der Fahrbahn zum Bogen gibt es untenliegende Fahrbahnen, obenliegende Fahrbahnen und mittig liegende Fahrbahnen (siehe Abb. 6.3).

**Abb. 6.2 Bogenbrücke**

Untenliegende Fahrbahn
(Elgin Brücke in Singapur)
[*Quelle: https://commons.wikimedia.org/wiki/File:Elgin_Bridge_4,_Dec_05.JPG*]

Obenliegende Fahrbahn
(Bloukrans Bridge in Südafrifka)
[*Quelle: https://no.wikipedia.org/wiki/Fil:Bloukrans_Bridge.jpg*]

Mittig liegende Fahrbahn (La Conner's Rainbow Bridge in USA)
[*Quelle: https://www.cascadeloop.com/regions/*]

**Abb. 6.3 Formen der Bogenbrücken**

### Fachwerkbrücke

Für Brücken mit großen Spannweiten kommen häufig Fachwerke als Überbaukonstruktion zum Einsatz. Ein Merkmal dieser Brückenart ist die große Bauhöhe der Konstruktion. Fachwerkbrücken werden vorwiegend aus Stahl oder Holz ausgeführt.In Abb. 6.4 sieht man die Nanjing Dashengguan

Yangtze River Bridge, es ist eine Fachwerkbrücke aus Stahl. In den Hauptöffnungen ist zur Erhöhung der Spannweite das Fachwerk zusätzlich noch als Bogen ausgeführt.

**Abb. 6.4 Nanjing Dashengguan Yangtze River Bridge (China)**
[*Quellle*: *http://www.nra.gov.cn/950/bftlzdqlgcjj/201311/t20131126_3199.html*]

**Hängebrücke**

Bei Hängebrücken werden die Haupttragseile über die Pylonen geführt. An den Haupttragseilen werden sogenannte Hänger befestigt, die wiederrum die Fahrbahn tragen. Eines der bekannten Beispiele ist die Golden Gate Bridge in San Francisco (siehe Abb. 6.5).

**Abb. 6.5 Golden Gate Bridge (San Francisco)**
[*Quellle*: *https://godzilla.fandom.com/wiki*]

## Schrägseilbrücke

Eine Schrägseilbrücke besteht aus Pylonen, der Fahrbahn und den Schrägseilen. Die auf die Fahrbahn wirkenden Lasten werden über die Schrägseile an den Pylonen „aufgehängt", die diese dann in den Untergrund abtragen. Ein Beispiel dieser Brückenform ist die Rio-Andirrio-Brücke in Griechenland (siehe Abb. 6.6).

**Abb. 6.6 Rio-Andirrio-Brücke (Griechenland)**

## Bewegliche Brücke

Bewegliche Brücken werden gebaut, wenn eine feste Brücke nicht wirtschaftlich oder konstruktiv gar nicht möglich ist. Dies kann zum Beispiel dann der Fall sein, wenn aufgrund erforderlicher Durchfahrtshöhen für darunterliegende Verkehrslinie die Herstellung großer Rampenbauwerke im Brückenvorland erforderlich wäre.

Entsprechend ihrem Mechanismus werden bewegliche Brücken in Klappbrücken, Hubbrücken und Drehbrücken untergliedert. Bei Klappbrücken klappen die Fahrbahn auf, nach der Schiffdurchfahrt klappen sie wieder zu. Bei Hubbrücken dagegen wird die Fahrbahn temporär angehoben. Bei Drehbrücken wird das Brückendeck aus der Fahrstraße geschwenkt.

### Querschnittsformen

Je nach Anforderung des Verkehrsweges und geplanten Lastabtragung weisen Brücken unterschiedliche Querschnittsformen auf. Die am häufigsten verwendeten Querschnittsformen sind Vollplatte, Plattenbalken und Hohlkasten (siehe Abb. 6.7). Beim Plattenbalken unterscheidet man einstegige und mehrstegige Plattenbalken. Bei Brücken mit großen Spannweiten werden oft Spannbeton-Hohlkästen eingesetzt.

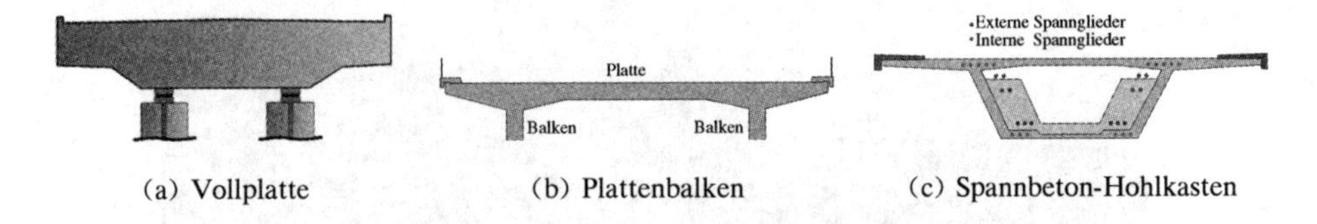


(a) Vollplatte (b) Plattenbalken (c) Spannbeton-Hohlkasten

**Abb. 6.7 Querschnittsformen der Brücken**

[*Quelle: https://de.wikipedia.org/wiki/Brücke*]

### Bauelemente

Die Gestaltung und Art der einzelnen Bauelemente einer Brücke hängen vom Typ der Brücke ab. Bei jeder Brücke gibt es einen Überbau, die Unterbauten (Widerlager, und evt. Pfeiler) sowie deren Gründung. Bei Hängebrücken und Schrägseilbrücken gibt es außer den oben genannten Bauelementen noch Pylone, Seile sowie Hänger.

**Überbau:** Der Überbau besteht aus der Fahrbahnplatte und den Trägern. Er trägt die Lasten auf die Unterbauten ab.

**Unterbauten:** Bei der Brücke werden meistens Widerlager und Pfeiler als Unterbauten bezeichnet. Die weiteren Unterbauten sind in Abb. 6.8 dargestellt. Die Unterbauten nehmen die Lasten des Überbaus auf und leiten diese in die Gründung ab. Widerlager befinden sich an den Enden einer Brücke. Die zwischen den Widerlagern liegenden Unterstützungen nennt man Pfeiler. Sie können die Stützweite des Überbaus verringern und damit eine geringere Bauhöhe ermöglichen. Bei Bogenbrücken gibt es eine besondere Bezeichnung für Widerlager, der sogenannte Kämpfer.

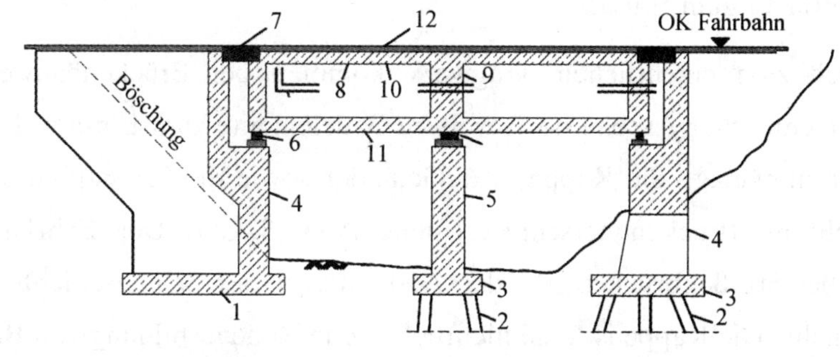


| Gründung | Unterbau | Überbau |
|---|---|---|
| 1 Flachgründung | 4 Widerlager | 8 Längsträger (hier Hohlkastenquerschnitt) |
| 2 Pfahlgründung | 5 Stütze/Pfeiler | 9 Querträger |
| 3 Pfahlkopfplatte | 6 Lager | 10 Fahrbahnplatte |
| | 7 Fahrbahnübergang (Üko) | 11 Bodenplatte (bei Hohlkasten) |
| | | 12 Fahrbahnbelag |

**Abb. 6.8 Bestandteile einer Hohlkastenbrücke (Längsschnitt)**

**Pylon**: Bei Schrägseilbrücken oder Hängebrücken werden die Brückenlasten über die Seile oder Hänger und Seile auf Mittelunterstützungen, und dann auf die Gründung geleitet. Die Mittelunterstützung heißt Pylon (siehe Abb. 6.9).

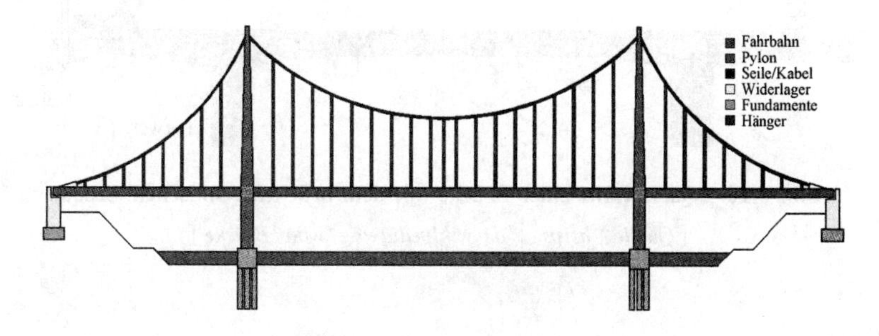


**Abb. 6.9 Hängebrücke (Ansicht)**

[*Quelle: https://de.wikipedia.org/wiki/Brücke*]

**Lager**: Die Lager übertragen die Lasten aus dem Überbau auf die Unterbauten und geben dem Brückenträger die notwendige Lagesicherheit und Bewegungsmöglichkeit. Um Verformungen aufnehmen zu können werden bei

Brücken häufig Gleitlager, Rollenlager oder Elastomerlager verwendet. Um Verdrehungen am Träger zu ermöglichen kommen Kalottenlager, Kipplager oder Topflager zum Einsatz.

Zusätzlich zum eigentlichen Tragwerk kommen bei Brückenbauwerke als brückentechnischer Ausbau noch weitere Bauelemente zum Einsatz. Dies sind der Fahrbahnbelag, die Kappe, das Geländer sowie die Schutzplanken, hier dargestellt im Brückenquerschnitt (siehe Abb. 6.10). Der Fahrbahnbelag besteht bei Straßenbrücken aus der Abdichtung, der Schutzschicht und der Deckschicht. Die Kappe ist eine nichtbefahrene Randausbildung von Brücken, die neben dem Schutz der tragenden Brückenkonstruktion der Verankerung passiver Schutzeinrichtungen sowie als Fahrrad- oder Fußgängerweg dienen kann. Auf den Kappen werden Geländer sowie je nach Bedarf Schutzplanken oder auch Lärmschutzwände befestigt. Geländer stellen dabei eine Absturzsicherung für Fußgänger oder Radfahrer dar. Schutzplanken dagegen dienen als Absturzsicherung für Kraftfahrzeuge oder zum Schutz der Gegenfahrbahn gegen ein Ausbrechen von Fahrzeugen.

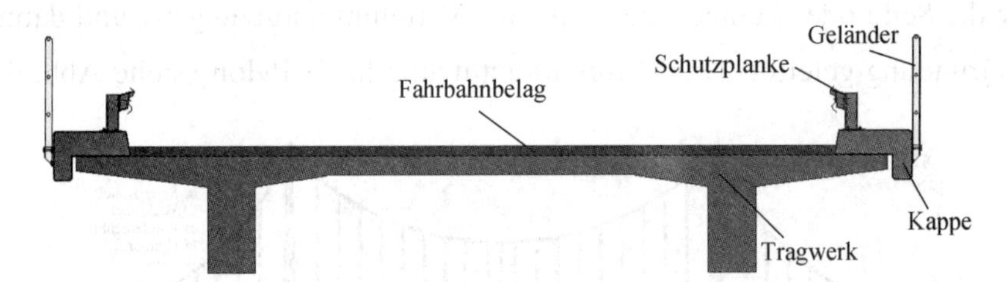


**Abb. 6.10 Querschnitt einer Brücke mit dem brückentechnischen Ausbau**

[*Quelle: https://de.wikipedia.org/wiki/Brücke*]

## Ⅰ. Übung

1. Welche Brückentypen gibt es nach Form und Konstruktion?

2. Bitte zeichnen Sie drei übliche Querschnittsformen der Brücke.

3. Bitte geben Sie jeweils zwei Beispiele für Überbau und Unterbau der Brücke

(mit Hohlkastenquerschnitt) an.

4. Wie sieht die Lastabtragung bei einer Hängebrücke und Schrägseilbrücke aus?

5. Übersetzen Sie bitte den folgenden Abschnitt ins Chinesische.

*Bei der Brücke werden meistens Widerlager und Pfeiler als Unterbauten bezeichnet. Die Unterbauten nehmen die Lasten des Überbaus auf und leiten diese in die Gründung ab. Widerlager befinden sich an den Enden einer Brücke. Die zwischen den Widerlagern liegenden Unterstützungen nennt man Pfeiler. Sie können die Stützweite des Überbaus verringern und damit eine geringere Bauhöhe ermöglichen. Bei Bogenbrücken gibt es eine besondere Bezeichnung für Widerlager, der sogenannte Kämpfer.*

## Ⅱ. Wörterliste

| | | |
|---|---|---|
| die | Abdichtung, -en | 防水(层) |
| das | Aluminium, nur Sg. | 铝 |
| die | Autobahnbrücke, -n | 高速公路桥 |
| die | Balkenbrücke, -n | 梁式桥 |
| das | Bauelement, -e | 建筑构件 |
| die | Bauhöhe, -n | 建造高度 |
| der | Bauwerkstyp, -en | 建筑类型 |
| der | Bestandteil, -e | 组成部分;组成成分 |
| die | Betonbrücke, -n | 混凝土桥 |
| die | bewegliche Brücke, -n | 活动桥 |
| die | Bodenplatte, -n | 底板 |
| der | Bogen, Bögen | 拱 |
| die | Bogenbrücke, -n | 拱桥 |
| der | Brückenbau, nur Sg. /-ten | 桥梁工程 |
| das | Brückenvorland, -länder | 引桥 |
| die | Deckschicht, -en | 面层 |
| die | Durchfahrtshöhe, -n | 通航高度 |

| | | |
|---|---|---|
| die | Drehbrücke, -n | 平转桥 |
| | einstegig | 单腹板的 |
| die | Eisenbahnbrücke, -n | 铁路桥 |
| das | Elastomerlager, - | 橡胶支座 |
| die | Fachwerkbrücke,-n | 桁架桥 |
| die | Fahrbahn, -en | 桥面 |
| der | Fahrbahnbelag, -beläge | 桥面铺装 |
| die | Fahrbahnplatte, -n | 桥面板 |
| der | Fahrbahnübergang (Üko), -gänge | 桥梁伸缩装置 |
| die | Flachgründung, -en | 浅基础 |
| die | Fußgängerbrücke, -n | 人行桥 |
| das | Geländer, - | 栏杆 |
| die | Gestaltung, -en | 造型 |
| das | Gewässer, - | 水域 |
| das | Gleitlager, - | 滑动支座 |
| das | Gusseisen, nur Sg. | 铸铁 |
| der | Hänger, - | 吊杆 |
| die | Hängebrücke, -n | 悬索桥 |
| der | Hauptträger, - | 主梁 |
| der | Hohlkasten, -kästen | 空心箱 |
| die | Holzbrücke, -n | 木桥 |
| die | Hubbrücke, -n | 升降桥 |
| das | Kalottenlager, - | 球形支座 |
| der | Kämpfer, - | 拱座 |
| die | Kappe, -n | 边梁 |
| das | Kipplager, - | 铰轴支座 |
| die | Klappbrücke, -n | 立转桥 |
| der | Kopfbolzendübel, - | 栓钉 |
| das | Lager, - | 支座 |
| der | Längsträger, - | 纵梁 |
| der | Mechanismus, -men | 机理,作用原理 |
| | mehrstegig | 多腹板的 |

| | | |
|---|---|---|
| das | Merkmal, -e | 特征 |
| die | mittigliegende Fahrbahn | 中承式(拱桥) |
| die | Natursteinbrücke, -n | 石桥 |
| die | obenliegende Fahrbahn | 上承式(拱桥) |
| der | Pfahl, Pfähle | 桩 |
| die | Pfahlgründung, -en | 桩基础 |
| die | Pfahlkopfplatte, -en | 桩承台 |
| der | Pfeiler, - | 桥墩 |
| der | Plattenbalken, -n | 板梁,T形梁 |
| der | Pylon, -en | 主塔 |
| der | Querträger,- | 横梁 |
| das | Rampenbauwerk, -e | 坡道 |
| das | Rollenlager, - | 滚动支座 |
| die | Schrägseilbrücke, -n | 斜拉桥 |
| die | Schutzplanke, -n | 防撞墙 |
| die | Schutzschicht, -en | 保护层 |
| | schwenken | 旋转,转动 |
| das | Seil, -e | 主缆,缆索 |
| die | Spannbetonbrücke, -n | 预应力混凝土桥 |
| die | Spannweite, -n | 跨度 |
| die | Stahlbetonbrücke, -n | 钢筋混凝土桥 |
| die | Stahlbrücke, -n | 钢桥 |
| der | Stahlträger, - | 钢梁 |
| die | Stahlverbundbrücke, -n | 钢-混凝土组合梁桥 |
| die | Straßenbrücke, -n | 公路桥 |
| die | Stützweite, -n | 跨度 |
| das | Topflager, - | 盆式支座 |
| der | Überbau, -ten | 上部结构 |
| die | untenliegende Fahrbahn | 下承式(拱桥) |
| der | Unterbau, -ten | 下部结构 |
| die | Wasserstraßenbrücke, -n | 水路桥 |
| das | Widerlager, -n | 桥台 |

# Kapitel 7

# Geotechnik

### Definition Geotechnik

Die Geotechnik beschäftigt sich mit der Einwirkung von Bauwerkslasten in den Baugrund, mit der Planung stabiler Gründungen und vielen anderen Fragestellungen an der Schnittstelle Bauwerk-Baugrund. Bei jedem Bauwerk ist die Geotechnik gefordert, da alle Bauwerkslasten in den Baugrund eingeleitet werden müssen und ein stabiles Fundament haben muss. Es ist daher wichtig dass bei jedem Bauvorhaben die Baugrund- und Grundwasserverhältnisse (durch Erderkundung), die physikalischen Eigenschaften des Baugrunds (durch Bodenmechanische Untersuchung) sowie die Gesetze der Mechanik, die auf den Boden anwendbar sind, hinreichend bekannt sein müssen.

### Boden und Fels

Boden — im bautechnischen Sinne — ist die oberflächennahe, nicht verfestigte Zone der Erdkruste. Die Bestandteile sind miteinander nicht oder nur in so geringem Maße mineralisch verbunden, dass diese Verbindung die Eigenschaften des Bodens nicht prägt („Lockergestein").

Fels ist jene Zone der Erdkruste, deren Bestandteile miteinander mineralisch fest verbunden sind. Seine Eigenschaften werden durch diese Verbindung bestimmt („Festgestein").

### Locker- und Festgestein

Lockergestein (im bautechnischen Sinn) ist ein nicht verfestigtes Haufwerk, dessen Gemengeteile keinen festen Zusammenhalt, also wenig Kornbindung haben. Die Zwischenräume sind mit Luft oder Wasser gefüllt.

Festgesteine (im bautechnischen Sinn), die Alltagssprache nennt sie „Stein", „Naturstein" oder „Fels" sind mechanisch widerstandfähige Gesteine, deren Struktur und Verformbarkeit der von Festkörpern entspricht.

### Hauptbodenarten

Jeder Boden besteht aus mineralischen Körnern mit unterschiedlichen Korndurchmessern. Je nachdem wie groß die Körner im Boden sind, können unterschiedliche Bodenarten unterschieden werden. Es gibt drei Hauptbodenarten, das sind Sand, Schluff und Ton. Sandkörner haben ein Korndurchmesser von 63 – 2000 $\mu$m und sind somit höchstens 2 mm groß. Schluff hat eine Größe von 2–63 $\mu$m. Alles, was kleiner als 2 $\mu$m ist, wird als Ton bezeichnet. Je nach Korngröße kann man Steine, Kies, Sand, Schluff und Ton unterteilen. Manchmal wird auch Lehm zu den Hauptbodenarten gezählt, das ist ein Gemisch aus etwa gleichen Anteilen von Sand, Schluff und Ton.

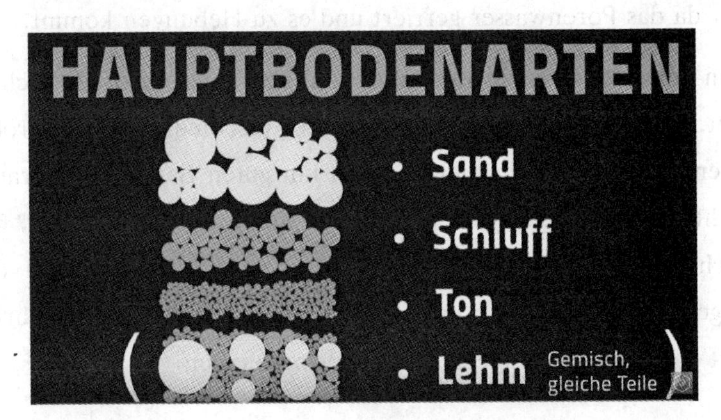


**Abb. 7.1 Hauptbodenarten**

[*Quelle: Geographie-Simpleclub, https://www.youtube.com/watch? v = 5DrggzLkCFw&t = 179s*]

Ein Boden mit hauptsächlich Sandanteilen heißt dann Sandboden, oder einfach nur Sand. Boden mit überwiegend Schluffanteil ist ein Schluffboden, zudem gibt es noch Tonboden und Lehmboden. Die Bodenarten können noch weiter unterteilt werden, da die vier Hauptbodenarten in den meisten Fällen in Mischungen auftreten. Da wird zum Beispiel zwischen tonigem Schluff (Ut) und sandigem Schluff (Us) unterschieden. Toniger Schluff besteht hauptsächlich aus Schluff, hat aber noch einen nennenswerten Tonanteil. Sandiger Schluff hat stattdessen einen etwas größeren Sandanteil. Zum genaueren Unterscheiden ist dann das Bodenartendiagramm zu verwenden, in dem die Abstufungen noch genauer eingeteilt sind.

## Bindiger und nicht bindiger Boden

Ein Boden ist bindig, wenn er einen hohen Anteil an Ton oder Schluff hat. Unter Druckbelastung verformen sich bindige Böden über einen längeren Zeitraum relativ stark. Sie setzen sich im Vergleich zu nicht bindigen Böden sehr langsam, daher können noch Restsetzungen nach Fertigstellung eines Bauwerks auftreten, die zu Schäden führen können. Das Verhalten bindiger Böden ist vom Wassergehalt abhängig. Je nach Anteil von Ton und Schluff sind diese Böden wenig bis nicht wasserdurchlässig. Außerdem reagiert der Boden empfindlich auf Frost, da das Porenwasser gefriert und es zu Hebungen kommt.

Ein Boden mit einem geringen Anteil an Feinkorn wird als nicht bindig bezeichnet. Dazu zählen Sand und Kies in verschiedenen Korngrößen und Mischungen. Es handelt sich hierbei meist um guten Baugrund, vorausgesetzt er ist nicht zu locker gelagert. Dies liegt unter anderem daran, dass ihr mechanisches Verhalten nicht vom Wassergehalt abhängt, und dass das Korngefüge relativ stabil ist. Die relativ geringe Zusammendrückbarkeit von Sand führt dazu, dass Setzungen relativ gering bleiben.

## Baugrube

Die Baugrube ist der Raum unterhalb der Geländeoberfläche, dessen Form dem im Untergrund gelegenen Teil einer zu errichteten baulichen Anlage entspricht. Hinzu kommen die zur Herstellung des Bauwerks erforderlichen seitlichen Arbeitsräume sowie der Platzbedarf für die Baugrubensicherung. Zu den Bestandteilen einer Baugrube gehört die Baugrubenumschließung und die Baugrubensohle. Bei der Baugrubenumschließung wird zwischen einer Böschung und einem Baugrubenverbau unterschieden.

**Geböschte Baugrube:**

Sind die Platzverhältnisse ausreichend, kann eine geböschte Baugrube ausgeführt werden. Eine Böschung ist durch die Böschungsneigung und den Höhenunterschied charakterisiert. Die Neigungen werden als Steigungsverhältnis oder in Grad gegen die Horizontale angegeben. Eine Böschung von 1 : 2 bedeutet beispielsweise 1 Meter Höhenunterschied auf 2 Meter horizontaler Länge. Die mögliche Neigung einer Böschung hängt von den Eigenschaften des geböschten Bodens ab. Die Standsicherheit einer Böschung wird vom Böschungswinkel bestimmt und ist von einer Reihe von Einflüssen abhängig. Für den Fall, dass eine Böschung nicht standsicher ausgebildet ist, kann es zum Böschungsbruch kommen.

Abb. 7.2 Geböschte Baugrube

**Baugrubenverbau:**

Sind die Platzverhältnisse, wie beispielsweise im innerstädtischen Bereich, stark beengt oder erlauben die Boden- und Wasserverhältnisse keine geböschte Baugrube, so ist ein Baugrubenverbau auszuführen.

Abb. 7.3 Baugrubenverbau mit rückverankerter Bohrpfahlwand

Folgende Arten von Baugrubenkonstruktionen sind heute gebräuchlich:

- Spundwandverbau
- Trägerbohlwandverbau
- Massiver Baugrubenverbau, z. B. Bohrpfahlwände oder Schlitzwände
- Injektionswände, Gefrierwände,
- Mixed-in-Place Wände.

Die Wahl zwischen den oben genannten Konstruktionsarten hängt vom Zweck der Konstruktion sowie den Anforderungen hinsichtlich der Steifigkeit und der Wasserdichtigkeit ab.

## Geotechnische Bodenuntersuchungen

**Schlämmanalyse:**

Die Schlämmanalyse ist ein mechanisches Trennverfahren zur quantitativen Bestimmung des Feinkornanteils einer Bodenprobe. Das Schlämmverfahren wird eingesetzt, wenn eine mit Wasser vermischte Bodenprobe vorwiegend aus Feinstkorn („Schlämmkorn", Korngrößen mit einem Durchmesser von kleiner

0,063 mm) besteht. Die darin als Schwebstoffe enthaltenen Schluff- und Tonanteile lassen sich mittels einer Siebanalyse nicht mehr voneinander trennen. Um die Kornverteilung zu bestimmen, werden die unterschiedlichen Sinkgeschwindigkeiten der beiden Kornfraktion ausgenutzt.

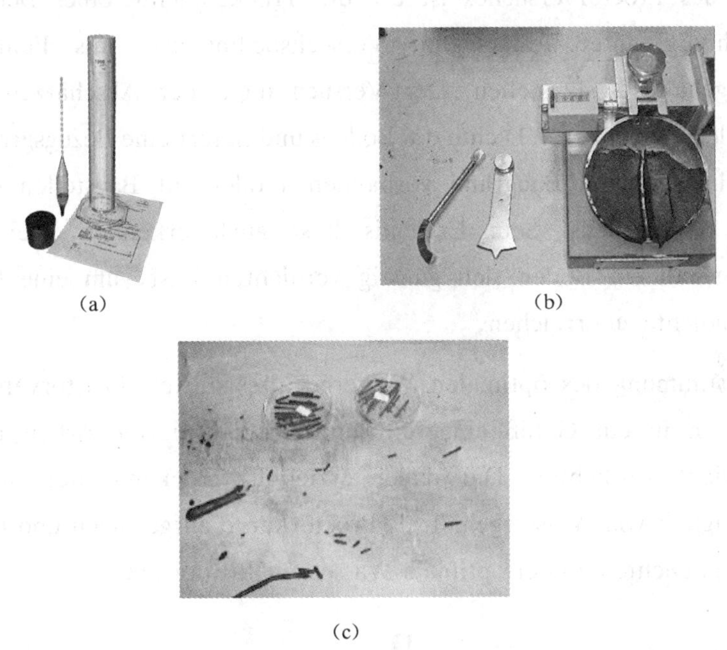

(a) (b) (c)

**Abb. 7.4 (a) Schlämmanalyse** [*Quelle: https://testing.de/de/3.050/-0*]
**(b) Bestimmung der Fließgrenze (mittel)**
**(c) Bestimmung der Ausrollgrenze** [*Quelle: http://www.erdstoff-labor.de/ausrollgrenze.html*]

**Bestimmung der Fließ- und Ausrollgrenze (DIN 18122 Zustandsgrenzen):**

Diese Norm gilt für die Feststellung der Zustandsgrenzen bindiger Böden. Die Zustandsgrenzen sind ein Maß für die Bildsamkeit des Bodens (Plastizität) und werden für seine Unterteilung in Bodengruppen verwendet (siehe DIN 18196). Sie geben in Verbindung mit dem jeweiligen Wassergehalt einen Anhalt für die Zustandsform des bindigen Bodens (Konsistenz) und damit für dessen Festigkeit.

Die Plastizität ist in Verbindung mit dem Feinstkorn ein Anhalt für die Aktivität der Tonmineralien. Die Ausrollgrenze ist ein Richtmaß für die

Bearbeitbarkeit eines Bodens nach den Normen der DIN 1185 und dient zur Abschätzung des optimalen Wassergehaltes (siehe DIN 18127).

**Proctorversuch (DIN 18127):**

Zweck des Proctorversuches ist es, die Trockendichte eines Bodens nach Verdichtung unter festgelegten Versuchsbedingungen als Funktion des Wassergehaltes festzustellen. Der Versuch dient der Abschätzung der auf Baustellen erreichbaren Dichte des Bodens und liefert eine Bezugsgröße für die Beurteilung der im Baugrund vorhandenen oder auf Baustellen erreichten Dichte des Bodens. Sein Ergebnis lässt auch erkennen, bei welchem Wassergehalt ein Boden sich günstig verdichten lässt, um eine bestimmte Trockendichte zu erreichen.

Zur Bestimmung des optimalen Wassergehaltes mittels Proctorversuch wird der Boden in ein Gefäß eingefüllt und mit definierter Arbeit durch ein Fallgewicht verdichtet. Die dabei erzielten Trockendichten werden in Abhängigkeit vom Wassergehalt als Proctorkurve aufgetragen und daraus die maximale Dichte und der optimale Wassergehalt ermittelt.

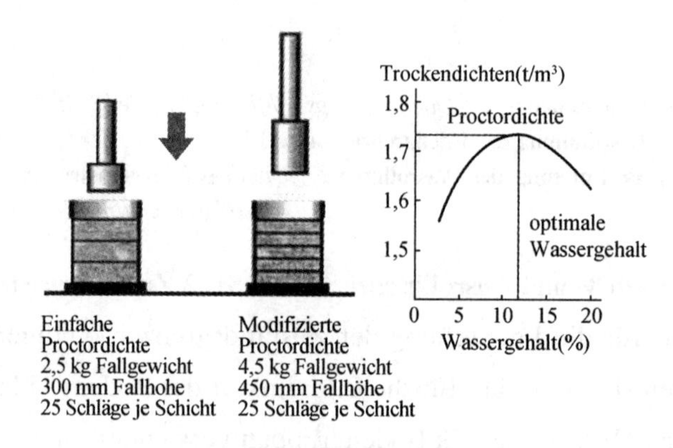


**Abb. 7.5 Proctorversuch**

[*Quelle: www.hkl-baumaschine.de*]

**Eindimensionaler Kompressionsversuch (DIN 18135):**

Der eindimensionale Kompressionsversuch dient dazu, die Zusammendrückbarkeit eines Bodens unter vertikaler Spannung und verhinderter Seitendehnung zu ermitteln. Aus diesem Versuch lässt sich der Steifemodul, die Verdichtungszahl, der Kompressionsbeiwert, Verdichtungsbeiwert, Schwellbeiwert und der Rekompressionsbeiwert bestimmen. Wenn zusatzlich der zeitliche Verlauf der Setzung während einer Laststufe aufgezeichnet wird, können weiterhin der Kriechbeiwert und der Konsolidationsbeiwert bestimmt werden. Die Durchlässigkeit des Bodens kann ebenfalls abgleitet werden.

**Plattendruckversuch (DIN 18134):**

Der Plattendruckversuch ist ein Feldversuch und dient zur Bestimmung der Verformbarkeit und Tragfähigkeit des Bodens sowie zur Verdichtungskontrolle an Ort und Stelle. Der Versuch ähnelt einer Probebelastung. Wegen der sehr detaillierten Normung ist es der präziseste Versuch im Erdbau mit der höchsten Wiederholgenauigkeit.

**Direkter Scherversuch (DIN 18137-3):**

Der direkte Scherversuch wird im Erd- und Grundbau angewendet. Die Norm gilt für die Bestimmung der Scherfestigkeit von Böden durch den konsolidierten, dränierten direkten Scherversuch an zylindrischen oder quaderförmigen sowie an kreisringförmigen Probenkörpern. Damit können die Grenzzustände der größten und der kritischen Scherfestigkeit sowie der Restscherfestigkeit bestimmt werden (siehe DIN 18137-1). Die Ergebnisse dienen als Ausgangsgrößen für geotechnische Berechnungen.

### Erddruck

Erddruck ist die resultierende Kraft zwischen einem Baukörper und dem Erdreich, wenn die Kontaktfläche nicht waagerecht ist. Je nachdem, ob sich der Baukörper vom Erdreich weg oder zu ihm hin bewegt, entwickeln sich Grenzfälle, bei denen zwischen den Erddruckarten aktiver und passiver Erddruck unterschieden wird.

Bewegt sich die Wand vom Erdreich weg und bildet sich hinter der Wand eine Bruchfläche aus, so rutscht ein Erdkeil nach, der die Wand belastet, also aktiv auf diese wirkt. In diesem Fall spricht man vom aktiven Erddruck. Bewegt sich die Wand gegen das Erdreich und schiebt dabei einen Erdkeil ab, so steigert sich der Druck bis zu einem Höchstmaß, dem Erdwiderstand oder passiven Erddruck, das nicht mehr überschritten werden kann. Ohne Bewegung spricht man vom Erdruhedruck. Die Größe, Richtung und Verteilung des Erddrucks hängen von den Bodenkenngrößen, dem Wandreibungswinkel, der Geometrie des Bauwerkes, den Lasten, Verformungen und Verschiebungen der Konstruktion sowie von den Wasserständen vor und hinter dem Bauwerk ab. [4]

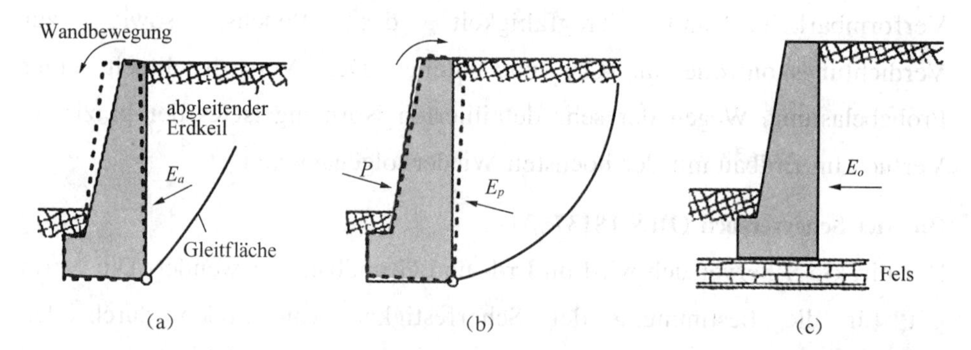


**Abb. 7.6 (a) aktiver Erddruck $E_a$; (b) passiver Erddruck $E_p$; (c) Erdruhedruck $E_o$**

[*Quelle: https://www.spektrum.de/lexikon/geowissenschaften/erddruck/4224*]

## Ⅰ. Übung

1. Welche Arten von Baugrubenverbau sind heute gebräuchlich?

2. Erläutern Sie bitte den Unterschied zwischen bindigen und nicht bindigen Böden.

3. Unter welchen Randbedingungen ist ein Baugrubenverbau oder eine geböschte Baugrube auszuführen?

## Ⅱ. Wörterliste

der aktive Erddruck 主动土压力

| | | |
|---|---|---|
| der | Aufbau, -ten | 结构 |
| die | Ausrollgrenze, -n | 塑限 |
| die | Baugrube, -en | 基坑 |
| die | Baugrubensohle, -n | 基坑底 |
| die | Baugrubenumschließung, -en | 基坑壁 |
| der | Baugrubenverbau, -ten | 基坑支护 |
| der | Baugrund, -gründe | 地基 |
| der | Bestandteil, -e | 组成部分,组成成分 |
| die | Beurteilung, -en | 评定 |
| die | Bezugsgröße, -n | 基数;参考值 |
| der | bindiger Boden | 粘性土 |
| der | Boden, Böden | 土 |
| die | Bodengruppe, -n | 土壤等级 |
| die | Bodenkenngröße, -en | 土壤参数 |
| die | Bohrpfahlwand, -wände | 排桩 |
| die | Böschung, -en | 边坡 |
| der | Böschungsbruch, -brüche | 边坡破坏 |
| die | Böschungsneigung, -en | 边坡坡度 |
| die | Dichte, -n | 密度 |
| | direkter Scherversuch | 直接剪切试验 |
| | eindimensionaler Kompressionsversuch | 单轴压缩试验 |
| | eine Reihe von | 一系列 |
| der | Erddruck, -drücke | 土压力 |
| die | Erdkruste, -n | 地壳 |
| der | Erdruhedruck, -drücke | 静止土压力 |
| das | Feinkorn, -körner | 细颗粒 |
| das | Fallgewicht, -e | 落锤 |
| der | Feldversuch, -e | 野外试验 |
| der | Fels, -en | 岩石 |
| das | Festgestein, -e | 岩石 |
| die | Fließgrenze,-n | 液限 |

| | | |
|---|---|---|
| die | geböschte Baugrube, -n | 放边坡 |
| das | Gefäß, -e | 容器 |
| das | Gelände, - | 场地 |
| die | Geländeoberfläche, -n | 地表 |
| die | Geotechnik, -en | 岩土工程 |
| das | Gestein, -e | 岩石 |
| das | Grundwasserverhältnis, -se | 地下水概况 |
| das | Haufwerk, nur Sg. | 砂石堆 |
| die | Hebung, -en | 隆起 |
| der | Kennwert, -e | 特性值,参数 |
| die | Konsistenz, nur Sg. | 稠度 |
| der | Korndurchmesser, - | 粒径 |
| die | Kornfraktion, -en | 粒组 |
| die | Kornverteilung, -en | 颗粒级配 |
| der | Lehm, -e | 黏土 |
| das | Lockergestein, -e | 土 |
| die | Mechanik, -en | 力学 |
| die | Neigung, -en | 坡度 |
| der | nichtbindiger Boden | 非粘性土 |
| der | Oberboden, -böden | 表土 |
| der | passive Erddruck | 被动土压力 |
| der | Plattendruckversuch, -e | 平板荷载试验 |
| das | Porenwasser, nur Sg. | 孔隙水 |
| der | Proctorversuch, -e | 普氏击实实验 |
| der | Reibungswinkel, - | 摩擦角 |
| die | Scherfestigkeit, -en | 剪切强度 |
| die | Schlämmanalyse, -n | 沉淀分析实验 |
| der | Schluff, -e | 黏土 |
| der | Schwebstoff, -e | 悬浮物 |
| die | Setzung, -en | 沉降 |
| der | Spundwandverbau, -ten | 板桩墙 |

| | | |
|---|---|---|
| das | Steigungsverhältnis，-se | 坡比 |
| die | Verdichtung，-en | 压实;压缩 |
| die | Verformbarkeit，-en | 变形性 |
| die | Verformung，-en | 形变 |
| das | Verhalten，nur Sg. | 特性,性能 |
| die | Verschiebung，-en | 位移 |
| der | Wasserbau，nur Sg./-ten | 水利工程 |
| der | Wassergehalt，-e | 含水量 |
| die | Zusammendrückbarkeit，-en | 压缩性 |
| der | Zusammenhalt,-e | 凝聚；粘结 |
| der | Zwischenraum，-räume | 空隙 |

# Kapitel 8

# Verkehrswegebau

Der Verkehrswegebau als Spezialbereich des Bauingenieurwesens bzw. der Verkehrswissenschaften behandelt die Planung und den Entwurf, die Konstruktion, die Instandsetzung und Erhaltung sowie die Sanierung oder den Abbruch der baulichen Anlagen des Verkehrswesens (Verkehrsinfrastruktur). Er beinhaltet nicht nur das Straßenverkehrswesen, sondern auch das Schienenverkehrswesen (Eisenbahnen, U-Bahnen, Straßenbahnen, Magnetschwebebahn und Zahnradbahn usw.) sowie die Seilbahnen. Der Verkehrswegebau arbeitet eng mit anderen Fachbereichen des Tiefbaus zusammen.

## 8.1 Straßenverkehr

Straßen bestehen aus dem Erdkörper und dem Straßenoberbau — Trennfläche ist das Planum.

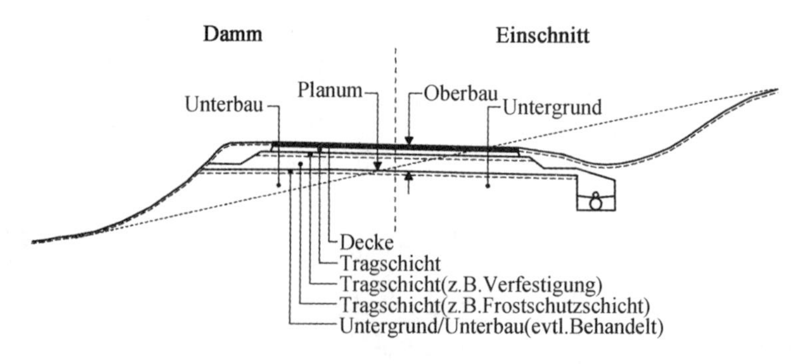


**Abb. 8.1 Prinzipskizze des Straßenaufbaus**

[*Quelle: Ehrlich, Norbert; Hersel, Otmar: Straßenbau heute — Betondecke*]

Planum =

- Oberfläche des Untergrunds in Einschnittsbereichen oder
- Oberfläche des künstlichen aufgeschütteten Unterbaus bei Strecken in Dammlage

### Autobahn

Eine Autobahn ist eine Fernverkehrsstraße, die ausschließlich dem Schnellverkehr und dem Güterfernverkehr mit Kraftfahrzeugen dient. Sie besteht im Normalfall aus zwei Richtungsfahrbahnen mit jeweils mehreren Fahrstreifen. In der Regel ist auch ein zusätzlicher Seitenstreifen (auch Standstreifen genannt) vorhanden.

**Abb. 8.2 Autobahn mit zwei Richtungsfahrbahnen**

[*Quelle: https://de.wikipedia.org/wiki/Autobahn*]

### Kreisverkehr

Ein Kreisverkehr ist ein unkonventioneller Verkehrsknoten im Straßenbau, besteht aus der Kreisfahrbahn und einer Mittelinsel. Die Kreisfahrbahn ist wie eine Einbahnstraße nur in einer Richtung zu befahren.

Kreuzungen werden als Kreisverkehr angelegt, um einen reibungslosen, sicheren Verkehrsfluss auf schnellen Straßen mit mäßigem Verkehrsaufkommen zu gewährleisten. Sie werden auch eingesetzt, um die Geschwindigkeit zu reduzieren, vor allem am Ortseingang und am Anfang von Strecken mit Geschwindigkeitsbegrenzung. Wenn wichtige Fahrradwege und mäßig befahrene Straßen zusammentreffen, bieten Kreisel eine sicherere Methode für Radfahrer, die Straße zu überqueren und nach links oder rechts abzubiegen.

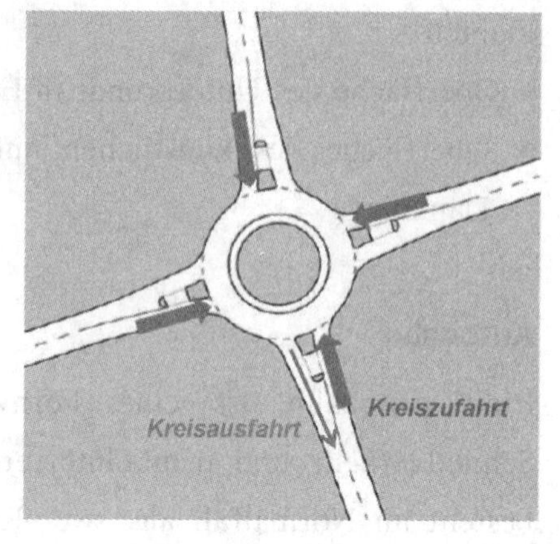


**Abb. 8.3 Kreisverkehr**

## Trassierung

Die Trassierung beschreibt das Entwerfen und Festlegen der Linienführung einer Straße in Lage, Höhe und Querschnitt.

Trassierungselemente

- Gerade
- Kreis
- Übergangsbogen (meist Klothoide)

Der Übergangsbogen ist ein Trassierungselement, das beim Bau von Verkehrswegen als Verbindungselement zwischen einer Geraden und einem Kreisbogen oder zwischen zwei Kreisbögen verwendet wird.

## Entwurfsunterlagen

- Lageplan
- Höhenplan oder Längsschnitt
- Querschnitt

Der Lageplan zeigt den Straßenentwurf in der Draufsicht. Der Höhenplan (auch Längsschnitt) ist Teil der Entwurfs- und Ausführungsunterlagen. Der Straßenquerschnitt beschreibt den lotrechten Schnitt einer Straße im rechten Winkel zur Straßenachse.

### Frost- und Tauwirkung

Frostwirkung wird durch physikalische Vorgänge beim Gefrieren von Wasser im Untergrund, Unterbau und Oberbau ab einer Temperatur kleiner Null Grad verursacht. Besonders kritisch sind niederschlagsreiche Regionen und nahe um den Gefrierpunkt schwankende Temperaturen (oftmalige Frost-Tau-Wechsel).

Es gibt drei Voraussetzungen für Frostschäden:

1. Temperatur um den Gefrierpunkt
2. Forstempfindlicher Boden
3. Vorhandensein von Wasser

### Eislinsenbildung

Eine Eislinse ist eine Erhebung des Bodens, welche bei Frost und bindigem Grund auftritt. Ursache dafür ist der Kapillareffekt, der es ermöglicht, Grundwasser aus bis zu 50 m Tiefe an die Frosteindringtiefe (in Deutschland im Winter zwischen 20 und 120 cm) zu transportieren. Das Wasser sammelt sich dort, gefriert und hebt den Boden. Da das Grundwasser ständig nachgeführt wird, werden die Eisansammlungen und die darüber liegenden Erhebungen immer größer.

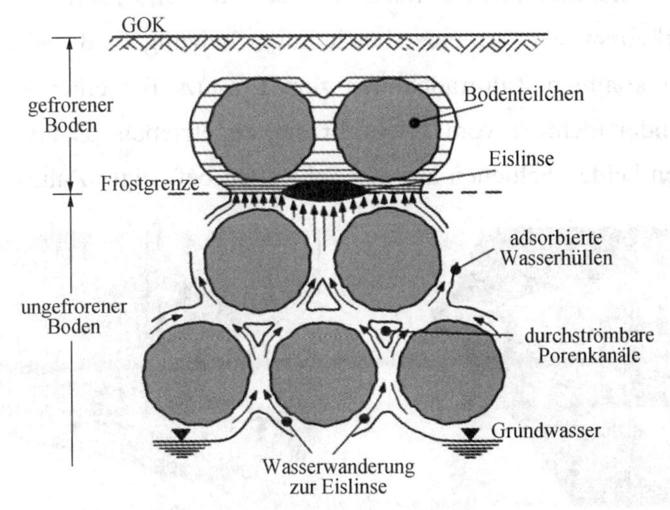


**Abb. 8.4 Eislinsenbildung**

## 8.2 Schienenverkehr

Beim Eisenbahnbau kommt das sogenannte Rad-Schiene-System zum Einsatz. Der Querschnitt durch den Bahnkörper eines Schotter-Oberbaus wird in der Abb. 8.5 dargestellt. Für die Schwellen wurden früher Holzbalken verwendet. Heutzutage werden sie als vorgespannte Betonfertigteilen hergestellt. Neben dem klassischen Schotteroberbau, bei dem eine kantig gebrochene Gesteinskörnung zur Lagerung der Schwellen zum Einsatz kommt, wird heute vermehrt die sogenannte Feste Fahrbahn eingebaut. Hier werden die Stützpunkte des Gleises direkt in eine Beton- oder Asphaltplatte eingebunden. Diese Systeme kommen unter anderem zur präzisen Lagesicherung bei der Hochgeschwindigkeitseisenbahn (CHR, ICE) zum Einsatz.

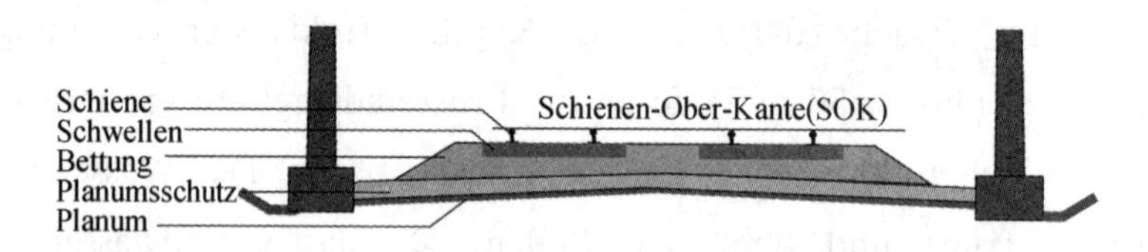


**Abb. 8.5 Querschnitt durch einen Bahnkörper**

Außer der Eisenbahn zählen U-Bahn, Straßenbahn und Zahnradbahn zu den Schienenverkehrswegen. Ab einer bestimmten Steigung (z.B. bei Fahrten auf einen Berg) kommen Zahnradbahnen zum Einsatz. Bei einer Zahnradbahn greifen ein oder mehrere vom Triebfahrzeug angetriebene Zahnräder in eine zwischen den beiden Schienen auf den Schwellen befestigte Zahnstange ein.

U-Bahn

Straßenbahn

Zahnrad-Bahn

**Abb. 8.6 Schienenverkehr**

## 8.3 Seilbahn

Eine Seilbahn ist ein zu den Bahnen gehörendes Verkehrsmittel für den Personen- oder Gütertransport. Seilbahnen werden meist benutzt, um damit auf Berge zu fahren. Sie kommen aktuell aber auch vermehrt für den innerstätischen Verkehr zum Einsatz. Je nach der Art und Größe gibt es Sessellifte und Gondelbahnen.

Sessellift

Gondelbahn

**Abb. 8.7 Seilbahnen**

### Ⅰ. Übung

1. Welche Frostschäden gibt es? Nennen sie bitte drei Beispiele.

2. Wie werden die vier Schichten des Oberbaus einer Asphaltstraße genannt?

## Ⅱ. Wörterliste

| | | |
|---|---|---|
| die | Autobahn, -en | 高速公路 |
| der | Bahnkörper, - | 铁路路基 |
| die | Bettung, -en | 道床 |
| die | Einbahnstraße, -n | 单行道 |
| der | Einschnitt,-e | 路堑 |
| die | Eisenbahn, -en | 铁路 |
| die | Eislinse, -n | 冰晶体 |
| der | Erdkörper, - | 土体 |
| die | Erhaltung, -en | 维护 |
| der | Fahrstreife, -en | 车道 |
| die | Fernverkehrsstraße, -n | 长途公路 |
| die | Feste Fahrbahn | 无砟轨道 |
| die | Frostwirkung, -en | 霜冻作用 |
| die | Gerade, -n | 直线 |
| das | Gleis, -e | 轨道 |
| die | Gondel, -n | (封闭式)缆车 |
| der | Güterfernverkehr, nur Sg. | 长途货运 |
| der | Höhenplan, -pläne | 纵断面图 |
| die | Instandsetzung, -en | 修理 |
| die | Lage, -n | 位置 |
| der | Lageplan, -pläne | 平面图 |
| die | Klothoide, -n | 回旋曲线 |
| das | Kraftfahrzeug, -e | 汽车,机动车 |
| der | Kreis, -e | 圆曲线;圆 |
| der | Kreisverkehr, nur Sg. | 环岛 |
| die | Magnetschwebebahn, -en | 磁悬浮铁路 |
| das | Planum, nur Sg. | 地基,路基 |
| der | Querschitt, -e | 横断面(图) |

| | | |
|---|---|---|
| die | Sanierung, -en | 翻新,翻修 |
| die | Schiene, -n | 铁轨 |
| das | Schienenverkehrswesen, nur Sg. | 轨道交通工程 |
| der | Schnellverkehr,-e | 快速交通 |
| der | Schotteroberbau, -ten | 碎石上部结构 |
| die | Schwelle, -n | 轨枕,枕木 |
| die | Seilbahn, -en | 缆车 |
| der | Seitenstreifen, - | 应急车道 |
| der | Sessellift, -e | 敞开式缆车 |
| die | Straßenbahn, -en | 有轨电车 |
| der | Straßenbau,nur Sg. | 道路工程 |
| der | Straßenoberbau, -ten | 道路上部结构 |
| das | Straßenverkehrswesen, nur Sg. | 道路工程 |
| der | Tiefbau, -ten | 地下工程 |
| die | Trassierung, -en | 定线 |
| die | Trennfläche, -n | 分界面 |
| die | U-Bahn, -en | 地铁 |
| der | Übergangsbogen,-bögen | 缓和曲线 |
| der | Unterbau, -ten | 下部结构 |
| die | Verkehrsinfrastruktur, -en | 交通基础设施 |
| der | Verkehrswegebau, nur Sg. | 交通工程 |
| die | Zahnradbahn, -en | 齿轨铁路 |

Kapitel 9

# Tunnelbau

Der Tunnelbau ist ein Teilbereich des Tiefbaus und ist zur Herstellung unterirdischer Hohlräume für Verkehrs- und Versorgungseinrichtungen erforderlich. Es können zwei grundlegende Bauweise unterschieden werden. Bei geringer Überdeckung werden normalerweise die offene Bauweise (cut and cover Verfahren) angewandt. Bei großer Überdeckung erfolgt die Ausführung im Untertagebau in geschlossener Bauweise (auch bergmännische Bauweise genannt), der teils auf Arbeitsweisen des Bergbaus beruht. Die heutigen modernen Formen des geschlossenen Tunnelbaus sind die Spritzbeton-bauweise gemäß NÖT oder der Einsatz von offenen bzw. Schildvortriebs-Tunnelbohrmaschinen.

**Abb. 9.1 Kanaltunnel und U-Bahn-Tunnel**

[*Quelle: panthermedia.net/tov_tob*]

## Geschlossene Bauweise (bergmännische Bauweise)

Bei der geschlossenen Bauweise erfolgt die Herstellung bergmännisch in der

Neuen Österreichischen Bauweise (NÖT) mittels Bohr- und Sprengvortrieb bzw. Baggerausbruch oder maschinell mittels einer Tunnelbohrmaschine.

## NÖT

Die Neue Österreichische Tunnelbaumethode (NÖT) nutzt die Eigentragfähigkeit des Gebirges zur sicheren und wirtschaftlichen Herstellung von Tunneln. Sie ist in den 1950er Jahren als seinerzeit neuartiges Ausbaukonzept entwickelt worden und kombiniert geologische und felsmechanische Grundlagen mit speziellen Bauverfahren zur Sicherung und zum Ausbau eines Tunnelhohlraums.

## Arbeitszyklus beim Tunnelvortrieb gemäß NÖT

1. „Ausbruch" (mit Hammer, Bagger, Fräsvortrieb bzw. Bohren und Sprengen)
2. „Sichern" (vorrangig Spritzbeton)
3. „Schüttern" (Förderung des Ausbruchs)

## Spritzbeton

Spritzbeton ist ein Beton, der in einer geschlossenen Rohr-/Schlauchleitung zur Einbaustelle gefördert, dort aus einer Spritzdüse pneumatisch aufgetragen und durch die Aufprallenergie verdichtet wird. Zur Anwendung kommt Spritzbeton heute vor allem bei der Ausbesserung/Verstärkung von Betonbauteilen, sowie zur Felskonsolidierung und zum temporären Ausbau im Tunnelbau.

Anders als bei konventionellen Betonierverfahren, bei denen der Frischbeton zunächst fertig angemischt, dann mittels Fördergeräten in eine Schalung eingebracht und dann erst verdichtet wird, erfolgen beim Spritzbeton mehrere dieser Arbeitsgänge gleichzeitig.

Eine nur teilweise hergestellte Ausgangsmischung wird durch Schläuche geblasen, beim Durchfliegen der am Ende des Schlauches befindlichen Düse

**Abb. 9.2 Ein Bauarbeiter trägt Spritzbeton auf eine Betonstahlmatte auf**

[*Quelle: https://de.wikipedia.org/wiki/Spritzbeton*]

mit den restlichen Frischbetonkomponenten vermischt, und gleichzeitig eingebaut und verdichtet. Dabei kommen zwei unterschiedliche Mischverfahren zur Anwendung, das Nass- und Trockenspritzverfahren.

**Trockenspritzverfarhen:**

Beim Trockenspritzverfahren werden Zement und Zuschlagstoffe trocken zusammengemischt und in einem Druckluftstrom durch eine Rohr- oder Schlauchleitung zu einer Mischdüse befördert. Im Düsenbereich wird dem Trockengemisch Wasser zugeführt, um die Mischung mit dem nötigen Anmachwasser zu versehen, und anschließend in einem ununterbrochenen Strahl aufgetragen.

**Nassspritzverfarhen:**

Beim Nassspritzverfahren werden Zement, Zuschlagstoffe und Wasser zusammengemischt, und mittels einer Mörtelpumpe zu einer Spritzdüse befördert, von wo aus die Mischung mittels der in der Düse zugegebenen Druckluft zerstäubt und aufgetragen wird.

Mit dem Nassspritzverfahren ist es einfacher, während des gesamten Spritzvorgangs eine gleichmäßige Qualität zu erzielen. Die fertige Mischung wird in eine Pumpe eingefüllt und durch den Schlauch gefördert. An der Düse am Schlauchende erfolgt die Luftzugabe. Die Luft wird zugegeben, um die Förderung des Spritzmörtels zu beschleunigen, so dass es zu einer guten Verdichtung und Haftung auf der Oberfläche kommt.

## TBM

Eine Tunnelbohrmaschine (TBM) ist eine Maschine, die zum Bau von Tunneln eingesetzt wird. Sie eignet sich besonders für hartes Gestein. Auch beim Tunnelbau im lockeren Fels, der für Vortrieb mittels Sprengtechnik ungeeignet ist, werden solche Großmaschinen eingesetzt. Der wichtigste Teil einer TBM ist der Bohrkopf, welcher einen Durchmesser von bis zu 20 Metern hat und aus einem Meißelträger mit rotierenden Rollenmeißeln, der ausgebrochenes Gestein nach hinten fördert, besteht. Tunnelbohrmaschinen gehören zusammen mit den Schildmaschinen (SM) zu den Tunnelvortriebsmaschinen (TVM). [*Quelle: https://de.wikipedia.org/wiki/Tunnelbohrmaschine*]

**Abb. 9.3 Tunnelbohrmaschine**

[*Quelle: https://de.wikipedia.org/wiki/Tunnelbohrmaschine*]

## Ⅰ. Übung

1. Bitte beschreiben Sie die geschlossene Bauweise und offene Bauweise beim Tunnelbau.

2. Erläutern Sie in wenigen Sätzen die Funktionen von Spritzbeton.

## Ⅱ. Wörterliste

| | | |
|---|---|---|
| das | Anmachwasser, nur Sg. | 拌合用水 |
| die | Aufprallenergie, -n | 碰撞能 |
| der | Ausbau, -ten | 衬砌(隧道工程) |
| die | Ausbesserung, -en | 加固 |
| der | Ausbruch, -brüche/nur Sg. | 废料,碎料/开挖 |
| der | Bagger, - | 挖掘机 |
| der | Baggerausbruch, nur Sg. | 挖掘机开挖 |
| die | bergmännische Bauweise, -n | 矿山法 |
| | beschleunigen | 加速 |
| das | Betonierverfahren, - | 混凝土浇筑过程 |
| die | Betonstahlmatte, -n | 钢筋网 |
| der | Bohrkopf, -köpfe | 钻头 |
| der | Eisenbahntunnel, - | 铁路隧道 |
| die | Felskonsolidierung, -en | 岩体加固 |
| die | Förderung, -en | 运输 |
| die | geschlossene Bauweise | 暗挖法 |
| | gleichmäßig | 均匀的 |
| der | Hammer, Hämmer | 锤子,榔头 |
| der | Kanaltunnel | 运河隧道 |
| die | Komponente, -n | 成分;组成部分 |
| | konventionell | 传统的 |
| die | Mörtelpumpe, -n | 砂浆泵 |
| das | Nassspritzverfahren, - | 湿喷法 |
| die | Neue Österreichische Bauweise | 新奥法 |
| die | offene Bauweise | 明挖法 |
| | pneumatisch | 气动的 |
| die | Schalung, -en | 模板 |
| das | Schüttern, nur Sg. | 运输 |

| | | |
|---|---|---|
| das | Sichern, nur Sg. | 支护 |
| die | Sicherung, -en | 支护 |
| der | Sprengvortrieb, -e | 爆破开挖 |
| der | Spritzbeton, -e | 喷射混凝土 |
| die | Spritzdüse, -n | 喷嘴 |
| der | Spritzmörtel, - | 喷涂砂浆 |
| der | Strahl, -en | 喷射流 |
| | temporär | 临时的 |
| das | Trockenspritzverfahren, - | 干喷法 |
| der | Tunnelbau, nur Sg. | 隧道工程 |
| die | Tunnelbohrmaschine, -n | 盾构机 |
| der | U-Bahn-Tunnel, - | 地铁隧道 |
| der | Zuschlagstoff, -e | 骨料 |

Kapitel 10

# Hydromechanik

Die Hydromechanik ist ein Teilgebiet der Mechanik und eine der naturwissenschaftlich-technischen Grundlagendisziplinen des Bau- und Wasserwesens. Die Mechanik beschreibt im Allgemeinen das Verhalten von Körper unter Einfluss von Kräften, während sich die Hydromechanik speziell mit dem Verhalten von Fluiden befasst. Für den planenden und ausführenden Ingenieur dieses Fachgebietes sind neben vielem anderem die physikalischen Gesetzmäßigkeiten des ruhenden und fließenden Wassers von Bedeutung. Und das trifft nicht nur für solche Anlage zu, die — wie Talsperren, Wehre, Kanäle, Schleusen, Wasserwerke, Kläranlagen, Wasserversorgungs- und -entsorgungsleitungen, Wasserkraftwerke, Bauwerke des Hagen- und Küstenschutzes, Be- und Entwässerungseinrichtungen und andere Maßnahmen des Wasserbaus und der Wasserwirtschaft — der Beherrschung und Nutzbarmachung des Wasserkreislaufs dienen, sondern in bestimmten Maße auch für die Objekte des Verkehrswegebaus, des Hoch-, Tief- und Grundbaus, des Brücken- und Tunnelbaus.[5]

Im Allgemeinen sind im Bau- und Umweltingenieurwesen zwei Fluide von besonderer Bedeutung: Wasser und Luft. Als Beispiel für typische Anwendungsgebiete, in denen diese Fluide eine Rolle spielen, seien erwähnt:

**Wasser:**

- Wasserversorgung mit Rohrleitungen, Speicher und Verteilereinrichtungen, sowie Wasserentsorgung durch Kanäle und Kläranlagen
- Energienutzung durch Wasserkraftanlagen

- Flussbau, Hochwasserschutz und Ausgleich von Niedrigwasser durch Dämme, Wehre
- Gewässer als Vorfluter
- Grundwassernutzung

**Luft:**

- Belastung von Bauwerken durch Wind
- Luftqualitätsprobleme durch Industrieemissionen oder durch Kfz-Abgase
- Belüftung und Klimatisierung von Innenräumen

## Grundbegriffe der Hydromechanik[5]

### Durchfluss

Der Volumenstrom wird als Durchfluss oder zur näheren Kennzeichnung vielfach auch als Zufluss, Abfluss o. Ä. bezeichnet. Zu beachten ist, dass er keine geometrische, sondern eine kinematische Größe mit der Dimension $L^3 \cdot T^{-1}$ ist. Es ist demnach falsch, zu sagen, dass der Abfluss so und so viel Kubikmeter oder Liter betrage. Er muss stets in Kubikmeter je Sekunde, Liter je Sekunde oder in anderen gültigen Längen- und Zeiteinheiten angegeben werden.

### Viskosität (Zähigkeit)

Flüssigkeiten haben die Eigenschaften, der gegenseitigen Verschiebung der Flüssigkeitsteilchen bei Bewegungen einen, wenn auch gering, Widerstand entgegenzusetzen. Diese Eigenschaft wird als Viskosität oder Zähigkeit bezeichnet.

### Oberflächenspannung

Die Oberflächenspannung wird durch Kohäsionskräfte bewirkt, mit denen sich die Flüssigkeitsmoleküle gegenseitig anziehen. Im Innern der Flüssigkeit wirken diese Kräfte mit gleicher Größer nach allen Seiten und heben sich somit auf. Dagegen werden die Moleküle der Flüssigkeitsoberfläche von den darunterliegenden Flüssigkeitsmolekülen stärker angezogen als von den darüber befindlichen Gasmolekülen, sodass in einer dünnen Oberflächenschicht mit einer Dicke gleich dem Wirkungsradius der Flüssigkeitsmoleküle eine nach dem Flüssigkeitsinnern hin gerichtete resultierende Kraft übrig bleibt, welche, auf die Flächeneinheit bezogen, als Kohäsionsdruck bezeichnet wird. Will ein Flüssigkeitsteilchen aus dem Innern der Flüssigkeit an die Oberfläche gelangen, so muss es den Kohäsionsdruck überwinden. Dazu ist eine äußere Kraft entlang dem Weg des Teilchens erforderlich.

### Stromlinie

Die Stromlinien sind Linien, die zu einem gegebenen Zeitpunkt an jedem Ort von dem jeweiligen Geschwindigkeitsvektor tangiert werden. Man kann sich das auch als Momentfoto einer Strömung vorstellen.

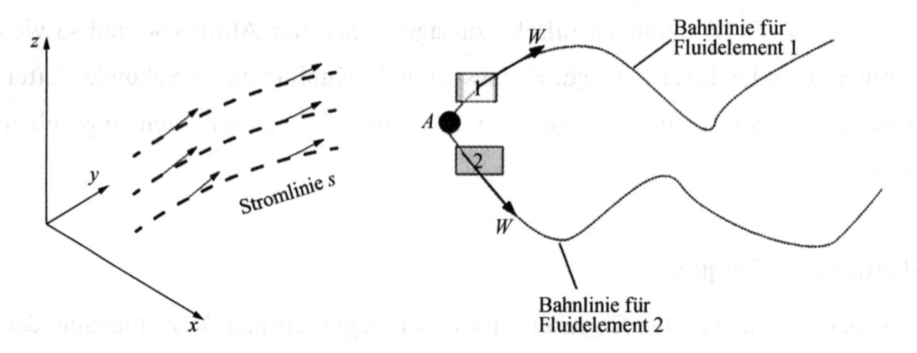


**Abb. 10.1 Stromlinie und Bahnlinie**

### Bahnlinie

Die Bahnlinien sind die tatsächlichen Wege der Teilchen in der Strömung. In stationärer Strömung sind die Strom- und die Bahnlinien identisch. In der Grafik sind zwei Bahnlinien gegeben. Diese verlaufen durch denselben Raumpunkt A, aber zu unterschiedlichen Zeitpunkten, es kann deutlich erkannt werden, dass sich die Geschwindigkeitsrichtung Zeitlich ändert.

### Stromfaden, Stromröhre

Ein Bündel benachbarter Stromlinien bildet eine Stromrohr und das Innere ist der Stromfaden. Die Stromröhre sind dadurch gekennzeichnet, dass die Flüssigkeit in ihr in einem bestimmten Zeitpunkt wie in einer festen Röhre strömt, da ein Durchdringen der „Röhrenwand“ nicht möglich ist. (Geschwindigkeitsvektor tangiert Stromlinie.)

### Stationäre- und instationäre Strömung

- Eine stationäre Strömung ist definiert durch: $\frac{dv}{dt} = 0$ (An einem festen Ort ändert sich die Fließgeschwindigkeit während einer bestimmten Zeit nicht.)
- Bei einer instationären Strömung ändert sich die Fließgeschwindigkeit an einem Ort mit der Zeit.

*Beispielsweise fließt das Wasser in der Rohrleitung, welche die beiden Behälter A und B in folgendem Bild miteinander verbindet, stationär, falls die Wasserspiegeldifferenz $\Delta h_E$ konstant gehalten wird. Fließt jedoch in den Behälter A kein Wasser hinein und aus dem Behälter B keines heraus, so wird mit fortschreitender Zeit die Wasserspiegeldifferenz $\Delta h_E$ kleiner, und weil dadurch die Geschwindigkeit in der Verbindungsleitung mit der Zeit abnimmt, handelt es sich um eine instationäre Strömung. Diese ist jedoch dadurch gekennzeichnet, dass sich nur den Betrag, nicht aber die Richtung der Geschwindigkeit ändert.*

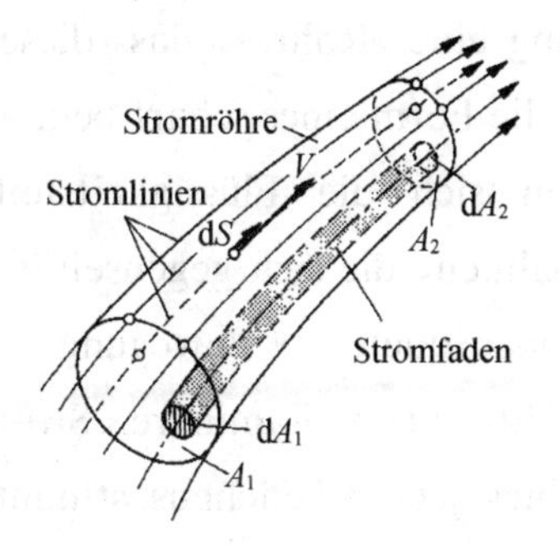


Abb. 10.2 Stromlinie, Stromrohr und Stromfaden[6]

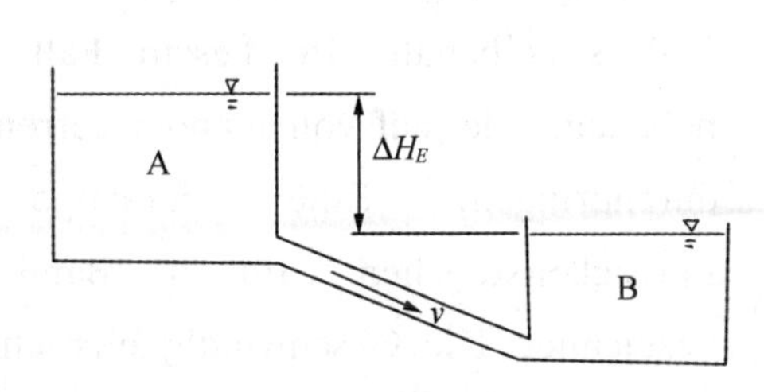


Abb. 10.3 Wasserspiegeldifferenz

## Gleichförmige Strömung

Eine gleichförmige Strömung ist definiert durch: $\frac{dv}{ds} = 0$ ( hat die Geschwindigkeit zu einem festen Zeitpunkt in verschiedenen Querschnitten einer Stromröhre unterschiedliche Größe, so heißt die Strömung ungleichförmig. Andernfalls liegt gleichförmige Strömung vor.)

*Wird die Geschwindigkeit wie in einer plötzlichen oder düsenförmigen Rohrverengung oder bei Überfall über ein Wehr in Strömungsrichtung größer, handelt es sich um eine ungleichförmige beschleunigte Strömung. Verringert sie sich wie beim Durchfluss durch eine plötzliche oder Diffusorförmige Rohrerweiterung oder durch den Stauraum vor einem Wehr, so ist die Strömung ungleichförmig verzögert.*

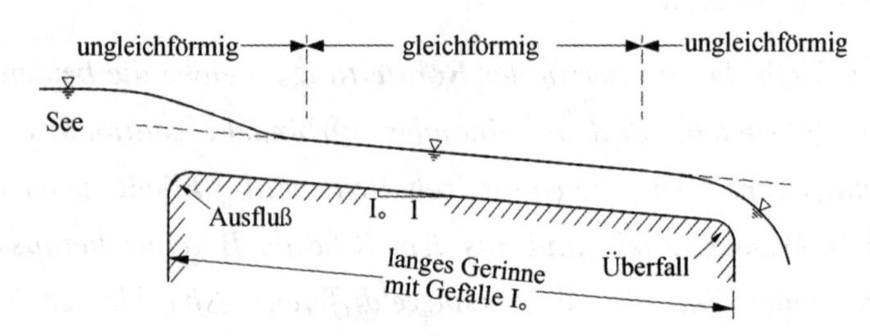


**Abb. 10.4 Gleichförmige und ungleichförmige Strömung**

## Strömung in einer Rohrleitung

**Laminare Strömung**: Wird ein Stromfaden durch Zugabe von Farbflüssigkeit markiert, so zeigt sich bei der Durchströmung eines Rohres, dass dieser bei sehr kleiner Fließgeschwindigkeit tatsächlich die Form eines scharf begrenzten Fadens beibehält. In diesem Fall bewegen sich die Flüssigkeitsteilchen nebeneinander auf voneinander getrennten Bahnen, die sich gegenseitig nicht durchdringen. Eine derartige wohlgeordnete Bewegung der Flüssigkeitsteilchen wird als Band-, schicht- oder Laminare Strömung bezeichnet. Die Geschwindigkeitsrichtung eines jeden Teilchens stimmt mit der Hauptfließrichtung überein.

**Turbulente Strömung**: Bei größerer Fließgeschwindigkeit zerflattert der

Farbfaden, was darauf hindeutet, dass die einzelnen Flüssigkeitsteilchen auf völlig regellosen Bahnen einander durchdringen, sodass es zur Vermischung der Flüssigkeitsschichten kommt. Die durch einen festen Ort der Strömung nacheinander hindurchgehenden Flüssigkeitsteilchen haben wechselnde, von der Hauptfließrichtung abweichende Geschwindigkeitsrichtungen. Eine solche Mischströmung, bei welcher die Teilchen regellos durcheinanderwirbeln, heißt turbulente Strömung.

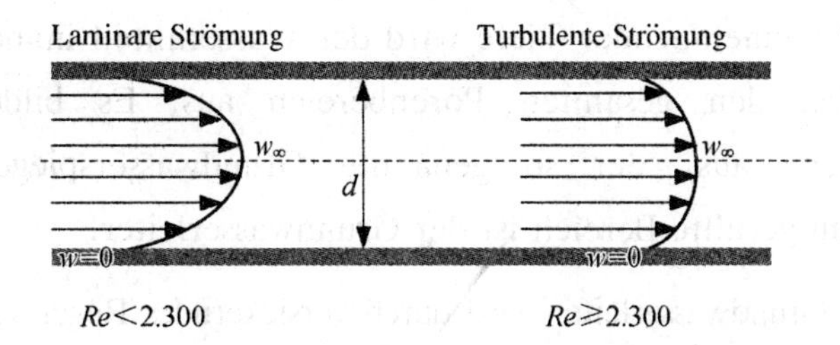


**Abb. 10.5 Laminare- und turbulente Strömung**

[*Quelle*: *https://www.ingenieurkurse.de/waermeuebertragung-waermeleitung/erzwungene-konvektion/rohrstroemungen-kreisfoermig.html*]

## Gerinneströmung

Schießen und Strömen sind zwei Bewegungsarten des Wassers (Abflussformen) bei stationärer Strömung in offenen Gerinnen.

**Strömen:**

- Große Wassertiefe, geringe Fließgeschwindigkeit, geringes Gefälle;
- in den meisten offenen Gerinne und Fließgewässern die vorherrschende Fließart; Störungen (Stau, Querschnittsänderung etc.) wirken sich stromauf aus.
- die Fließgeschwindigkeit $v$ ist kleiner als die Ausbreitungsgeschwindigkeit einer Oberflächenwelle $\sqrt{gh}$.

**Schießen:**

- Geringe Wassertiefe, große Fließgeschwindigkeit, großes Gefälle (Wildbach, Schussrinne);
- Störung breiten sich nicht stromauf aus. Stark Sohlbeanspruchung.
- Die Fließgeschwindigkeit $v$ ist kleiner als die Ausbreitungsgeschwindigkeit

einer Oberflächenwelle $\sqrt{gh}$.

## Grundwasserströmung

Unter der Erdoberfläche befindet sich ein Bodenbereich in dem die Poren durch Luft und Wasser gefüllt sind. Das Wasser sickert infolge der Wirkung der Gravitation nach unten und kann infolge der Wirkung von Kapillarkräften zum Teil auch wieder nach oben gelangen. Diesen Bereich nennt man Sickerzone. Mit zunehmender Tiefe wird der Wasseranteil immer größer und füllt schließlich den gesamten Porenbereich aus. Es bildet sich eine Wasseroberfläche aus, der so genannte Grundwasserspiegel. Der vom Grundwasser ausgefüllte Bereich ist der Grundwasserleiter.

Das Wasser im Grundwasserleiter wird durch versickerndes Regenwasser aufgefüllt und fließt zu den Vorflutern (Bach, Fluss, See etc.) ab. Grundwasser, das bei entsprechender Topographie auch an der Erdoberfläche austreten kann, fließt dann oberirdisch ab. Der Austrittsort wird Quelle genannt.

Im Allgemeinen befindet sich die Grundwasseroberfläche in einer Bodentiefe, in die die Gründungstiefe von Bauwerken hinabreicht. Dadurch wird sowohl während der Bauphase (besonders für die Baugrube) als auch später für das fertige Bauwerk das Grundwasser eine bedeutende Rolle spielen. Das Grundwasser selber wird aber auch genutzt, sowohl für die Trinkwasserversorgung als auch für die Landwirtschaft und die Industrie. Für den Bauingenieur ist deshalb die Berechnung von Druck, Grundwasserstand, Fließgeschwindigkeit und Schüttung (Abfluss) im Grundwasser eine wichtige Voraussetzung für die Lösung vieler Aufgaben.

## Ⅰ. Übung

1. Was ist der Unterschied zwischen Wehr und Damm?

2. Wie können die Abflussformen des Wassers, das Schießen und das Strömen, unterschieden werden?

## Ⅱ. Wörterliste

| | | |
|---|---|---|
| der | Abfluss, -flüsse | 流出,排出;流量 |
| | abweichen | 偏离, 偏移 |
| | anziehen | 吸引 |
| der | Ausgleich, -e | 平衡 |
| das | Austrittsort, -e | 出流口 |
| die | Bahnlinie, -n | 迹线 |
| die | Belüftung, -en | 通风 |
| der | Betrag, -träge | 量 |
| die | Dimension, -en | 尺寸; 维度 |
| | durchdringen | 穿过,穿透 |
| der | Durchfluss, -flüsse | 流量 |
| | düsenförmig | 喷嘴状的 |
| der | Einfluss,-flüsse | 作用,影响 |
| der | Faden, Fäden | 线,丝 |
| die | Farbflüssigkeit, -en | 颜料 |
| das | Fluid, -e | 流体 |
| der | Flussbau, nur Sg. | 河流工程 |
| das | Flüssigkeitsteilchen, - | 流体分子 |
| | geometrisch | 几何的 |
| das | Gerinne, - | 河道;水渠 |
| die | Gerinneströmung | 明渠流 |
| der | Geschwindigkeitsvektor, -en | 速度向量 |
| das | Gesetz, -e | 法则;法律;定律 |
| die | gleichförmige Strömung | 均匀水流 |
| die | Gravitation, nur Sg. | 地心引力 |
| der | Grundwasserleiter, - | 地下水层 |
| der | Grundwasserspiegel, - | 地下水平面 |
| die | Grundwasserströmung, -en | 地下水流 |
| der | Hochwasserschutz, nur Sg. | 防洪 |
| die | Hydromechanik, -en | 流体力学 |

| | | |
|---|---|---|
| | identisch | 同一的,一样的 |
| | inkompressibel | 不可压缩的 |
| die | instationäre Strömung | 非恒定水流 |
| die | Kanal, Kanäle | 下水管道 |
| | kinematisch | 运动学的 |
| die | Kläranlage, -n | 污水处理装置 |
| die | Klimatisierung, -en | 空气调节 |
| die | Kohäsionskraft, -kräfte | 内聚力 |
| | kompressibel | 可压缩的 |
| die | laminare Strömung | 层流 |
| das | Molekül, -e | 分子 |
| die | Niedrigwasser, - | 低水位 |
| die | Oberflächenspannung, -en | 表面张力 |
| die | resultierende Kraft | 合力 |
| die | Rohrströmung, -en | 管流 |
| die | Rohrverengung, -en | 管道变窄 |
| das | Schießen, nur Sg. | 急流 |
| die | Schleuse, -n | 船闸 |
| die | Sickerzone, -n | 渗流区 |
| die | stationäre Strömung | 恒定水流 |
| | stets | 始终,总是 |
| das | Strömen, nur Sg. | 缓流 |
| der | Stromfaden, -fäden | 流束,流管 |
| die | Stromlinie, -n | 流线 |
| die | Talsperre, -n | 堤坝,水坝 |
| | tangieren | 与……相切 |
| das | Teilchen,- | 粒子 |
| das | Teilgebiet, -e | 分支 |
| die | Trägheitskraft, -kräfte | 惯性力 |
| die | Trinkwasserversorgung, -en | 饮用水供应 |
| die | turbulente Strömung | 紊流 |

| | | |
|---|---|---|
| der | Überfall, -fälle | 溢流 |
| die | ungleichförmige Strömung | 非均匀水流 |
| der | Vektor, -en | 矢量,向量 |
| die | Verschiebung, -en | 移动;位移 |
| die | Verteilereinrichtung, -en | 分配装置 |
| die | Viskosität, -en | 黏度 |
| der | Volumenstrom, -ströme | 体积流量 |
| der | Vorfluter, - | 排水沟 |
| die | Wasserentsorgung, -en | 排水 |
| die | Wasserkraftanlage, -n | 水电站 |
| die | Wasserversorgung, -en | 供水 |
| das | Wehr, -e | 堰 |
| der | Wirkungsradius, -radien | 作用半径 |
| die | Zähigkeit, -en | 黏度 |

# Lösungsvorschlag

## Kapitel 1 Einführung in das Bauingenieurwesen

1. Zum Beispiel Beton, Stahl, Mauerwerk und Holz.

2. Ortbeton ist Beton, der direkt auf der Baustelle, also vor Ort, als Frischbeton verwendet und verarbeitet wird. Ein Betonfertigteil dagegen ist ein bereits hergestelltes Bauteil aus Stahlbeton oder Spannbeton, das entweder in einem Werk industriell oder auf der Baustelle vorgefertigt wird, um dann dort an Ort und Stelle nachträglich in seiner endgültigen Lage eingebaut zu werden.

3. Beton hat eine hohe Druckfestigkeit und Stahl hat eine hohe Zugfestigkeit.

4. Zum Beispiel Gebäuden, Straßen, Brücken, Tunnel und Staudämme.

## Kapitel 2 Mathematische Grundlagen

1. (1) 8与9的乘积是多少？$8 \times 9 = ?$

   (2) 30与5的差是多少？$30 - 5 = ?$

   (3) 70与20相加的结果是多少？$70 + 20 = ?$

2.

| | |
|---|---|
| | die fünfte Wurzel aus zweiunddreißig |
| | sieben Dreißigstel |
| | acht hoch drei / dritte Potenz von acht |

3.

| man-Satz | Passivsatz |
|---|---|
| Man bezeichnet Winkel mit griechischen Buchstaben. | |
| Man misst Winkel in Grad. | |
| | Seiten in Polygonen werden mit kleinen lateinischen Buchstaben (a,b,c) benannt. |

4. Die Einheiten der Länge, der Breite, der Höhe, der Fläche und des Volumens sind z.B. Meter, Meter, Meter, Quadratmeter und Kubikmeter.

5. Der Höhenunterschied von P1 und P2 ist 120,4 m.

6. Maßstab = Zeichnungsmaß/Wirkliches Maß = 48/240 = 1/5
   Der Maßstab ist 1 : 5.

7. Der Höhenunterschied zwischen Anfang und Ende: $h = 75 \times 1,3\% = 0,975$ m

## Kapitel 3 Hochbau

### 3.1 Statische Berechnung

1. Stabförmigen Bauteile: Balken, Stützen.
   Flächenförmigen Bauteile: Platten, Wände.

2. Bei statischen Systemen gibt es drei verschiedene Lagerarten: Festlager, Loslager und feste Einspannung. Eine feste Einspannung ist ein Lager, bei dem alle Verschiebungen und alle Verdrehungen unterbunden sind. Bei einem Festlager sind nur die Verschiebungen unterbunden. Das Loslager unterbindet nur die Verschiebung in einer Richtung.

3. Unter Einwirkungen versteht man alle Einflüsse, die in einem Tragwerk Kräfte oder Verformungen hervorrufen. Mögliche Einwirkungen sind z.B. Eigengewicht, Nutzlasten, Windlasten usw.
   Auswirkungen infolge der Einwirkungen nennt man auch Schnittgrößen. Die sind z.B. Normalkräfte, Querkräfte, Biegemomente und Torsionsmomente.

### 3.2 Stahlbetonbau

1. Der Beton nimmt die Druck-, der Stahl die Zugkräfte auf.

2. Die Betondeckung hat neben dem Schutz der Bewehrung vor Korrosion auch die Aufgabe, die Stahleinlagen im Brandfall vor Brandeinwirkungen zu schützen.

3. Funktion von Abstandhaltern: Zur Sicherstellung der notwendigen Betondeckung der Stahleinlagen werden Abstandhalter eingesetzt.
   Arten von Abstandhaltern: Abstandhalter werden aus Beton, faserbewehrtem Mörtel, Metall oder Kunststoff hergestellt und es gibt in punkt- und linienförmiger Ausführung.

4. Bei einem Stahlbetonbalken besteht ein Bewehrungskorb aus geraden Tragstäben (Längsbewehrung), aufgebogenen Tragstäben, Bügel und Montagestäben.

5. Die Bügel nehmen die Schubspannungen im Bauteil auf.

6. Um eine bestmögliche Übertragung der vom Stahl aufgenommenen Kräfte in den Beton zu ermöglichen, erhalten die Bewehrungsstäbe an ihren Enden Verankerungen.

### 3.3 Stahlbau

1. Zum Beispiel IPE-, HEA-, HEB-, HEM- und U-Profile.

2. Siehe Abb. 3.29.

3. Grenzzustand der Tragfähigkeit: Dieser Grenzzustand ist erreicht, wenn ein Bauwerk oder ein Bauteil seine Tragfähigkeit verliert, z.B. Einsturz. Das bedeutet, dass die Auswirkungen auf das Bauteil größer sind als der Widerstand des Bauteils.
   Grenzzustand der Gebrauchstauglichkeit: Einer der Grenzzustände ist erreicht, wenn die vorgesehene Nutzung eines Bauwerks oder eines Bauteils eingeschränkt wird, z.B. wegen großer Verformungen, breiter Risse, etc.

4. Ständigen Last: Eigengewicht (oder Erd- und Wasserdruck).

Veränderlichen Last: Windlast (oder Schneelast, Verkehrslast, Nutzlast).

5. Bei einem Stab unter Druckbelastung kann ein Stabilitätsversagen auftreten, das sogenannte Normalkraftknicken.

**3.4 Mauerwerksbau**

1. Zum Beispiel Ziegelsteine, Kalksandsteine und Porenbetonsteine.

2. Das Grundmaterial für Betonsteine ist Normalbeton und für die Porenbetonsteine sind es Kalk, Sand und Zement.

3. Die Verbindung der einzelnen Mauersteine erfolgt zum Ausgleich von Unebenheiten und zur Verbesserung des Verbundes mit Mörtel. Der Mörtel kann zwar die Steine zusammenhalten, doch für die Kraftübertragung ist er nicht geeignet. Deshalb ist im Verband zu mauern. Durch einen Mauerverband werden die Lasten und Kräfte nicht nur senkrecht, sondern gleichmäßig auf den ganzen Mauerwerksquerschnitt verteilt.

4. Es gibt Läuferverband, Binderverband, Blockverband und Kreuzverband.

5. Blockverband: Läufer- und Binderschichten wechseln regelmäßig ab. Begonnen wird mit einer Binderschicht. Die Stoßfugen aller Läuferschichten liegen übereinander, ebenso die aller Binderschichten (Läufer über Läufer, Binder über Binder). Übereinanderliegende Läufer und Binder bilden Blöcke. Sie überbinden in Längsrichtung der Mauer um 1/4-Stein. Die Überbindung ist regelmäßig 1/4-Stein.

   Kreuzverband: Läufer und Binderschichte wechseln wie beim Blockverband regelmäßig ab. Begonnen wird mit einer Binderschicht. Die 2. Schicht wird als Läuferschicht um 1/2-Kopf gebenüber der Binderschicht versetzt angeordnet. Als 4. Schicht folgt wieder eine Läuferschicht, die um 1 Kopf gegenüber der 1. Läuferschicht versetzt wird. So entstehen die charakteristischen Kreuze aus zwei übereinanderliegenden Bindern und dem dazwischenliegenden Läufer. Das Überbindemaß beträgt regelmäßig 1/4-Stein.

## Kapitel 4 Baustoffe

1. Von Reindichte spricht man, wenn Materialien keine Hohlräume und Poren aufweisen. Als Schüttdichte wird die Dichte von festen Materialien bezeichnet, welche lose aufgeschüttet werden inklusive aller dort enthaltenen Hohlräume und Poren zwischen den einzelnen Teilchen. Unter Rohdichte versteht man die Dichte fester Stoffe, die Poren und Hohlräume enthalten.

2. Beton besteht aus Zement, Gesteinskörnung und Wasser, gegebenenfalls auch Betonzusatzmitteln und -zusatzstoffen.

3. Im Vergleich mit Beton werden zur Herstellung von Mörtel Gesteinskörnungen bis zur Korngröße 4 mm verwendet.

4. 35: Mindestdruckfestigkeit an Zylindern.
   45: Mindestdruckfestigkeit an Würfeln.

5. Nadelpenetrationsversuch, Erweichungspunkt (Ring und Kugel) und Duktilitätsprüfung.

6. In Zementwerken werden die Rohmaterialien Kalkstein, Ton oder Eisenerz in Brechern zerkleinert und anschließend zu Rohmehl fein gemahlen. Das Rohmehl wird in einem Drehrohrofen bei hohen Temperaturen zu Klinker gebrannt und dann in einem Kühler abgekühlt. Die Klinker werden in einer Kugelmühle zu Zement gemahlen. Zum Schluß wird Zement abgefüllt, verladen und transportiert.
   在水泥厂里将原材料石灰石、黏土或铁矿在破碎机里破碎，紧接着研磨成生粉。生粉将在高炉里高温煅烧成熟料，然后放入冷却机冷却。熟料将在球磨机里被研磨成水泥。最后将水泥装袋，装车并进行运输。

## Kapitel 5 Bauphysik

1. Eine Wärmebrücke ist ein Bereich in Bauteilen eines Gebäudes, durch den die Wärme schneller nach außen transportiert wird als durch die angrenzenden Bauteile.

Folgen:

- Erhöhte Wärmeverluste in diesen Bereichen
- Niedrigere Oberflächentemperatur ggf. Tauwasserbildung
- Gefahr der Schimmelbildung
- Höherer Heizwärmebedarf

2. Der Heizkörper sollte an der Außenwand platziert sein, am besten am oder direkt unter dem Fenster.

3. Luftschall ist Schallwellen, die durch die umgebende Luft weitergeleitet werden. Körperschall nenn man den Schall, der sich in festen Stoffen ausbreitet und von dort dann auf die Luft.

4. Tauwasser entsteht, wenn der in der Luft vorhandene Wasserdampf vom gasförmigen (unsichtbaren) in den flüssigen (sichtbaren) Zustand übergeht.

5. Entstehung eines Brandes vorbeugen
   - Flucht und Rettung von Menschen ermöglichen
   - Ausbreitung von Feuer und Rauch innerhalb des Gebäudes begrenzen
   - Ausbreitung von Feuer auf benachbarte Gebäude verhindern
   - Wirksame Löscharbeiten ermöglichen)

## Kapitel 6 Brückenbau

1. Balkenbrücke, Bogenbrücke, Fachwerkbrücke, Hängebrücke, Schrägseilbrücke und bewegliche Brücke.

2. Siehe Abb. 6.7.

3. Überbau: Fahrbahnplatte, Bodenplatte.
   Unterbau: Widerlager, Pfeiler.

4. Bei Schrägseilbrücken oder Hängebrücken werden die Brückenlasten über die Seile oder Hänger und Seile auf Pylonen, und dann auf die Gründung geleitet.

5. 大多数情况下,桥台与桥墩被称为桥梁的下部结构。下部结构承受来自上部结构的荷载，并将这些荷载传递到基础。桥台位于桥的两端。人们将位于桥台间的支座称为桥墩。他们可以减小上部结构的跨度，因此可以减小建造高度。拱桥的桥台有一个特殊的名称，就是所谓的拱座。

## Kapitel 7 Geotechnik

1. Spundwandverbau, Trägerbohlwandverbau, Massiver Baugrubenverbau, z.B. Bohrpfahlwände oder Schlitzwände, Injektionswände, Gefrierwände oder Mixed-in-Place Wände.

2. Bindiger Boden ist ein Boden mit hohem Anteil an Feinkorn (Ton oder Schluff) und nicht bindiger Boden ist ein Boden mit geringem Anteil an Feinkorn.

3. Sind die Platzverhältnisse ausreichend, kann eine geböschte Baugrube ausgeführt werden. Sind die Platzverhältnisse, wie beispielsweise im innerstädtischen Bereich, stark beengt oder erlauben die Boden- und Wasserverhältnisse keine geböschte Baugrube, so ist ein Baugrubenverbau auszuführen.

## Kapitel 8 Verkehrswegebau

1. Kälterisse, Eislinsenbildung (Frosthebung) und Frostaufbrüche.

2. 
   - Asphaltdeckschicht
   - Asphaltbinderschicht
   - Asphalttragschicht
   - Frostschutzschicht

## Kapitel 9 Tunnelbau

1. Bei der geschlossenen Bauweise erfolgt die Herstellung bergmännisch in der Neuen Österreichischen Bauweise (NÖT) mittels Bohr- und Sprengvortrieb bzw. Baggerausbruch oder maschinell mittels einer Tunnelbohrmaschine. Bei der offenen Bauweise wird der Tunnel in einer zuvor ausgehobenen

Baugrube errichtet. Dabei wird die Stahlbetonkonstruktion gegen Grund- und Sickerwasser abgedichtet und abschließend in der Regel bis zur Geländeoberfläche überschüttet.

2. Ausbesserung/Verstärkung von Betonbauteilen, sowie zur Felskonsolidierung und zum temporären Ausbau im Tunnelbau.

## Kapitel 10 Hydromechanik

1. Obwohl Dämme und Wehre ähnliche Strukturen sind, die den Fluss des Wassers über einen Fluss steuern, sind die Dämme beträchlich groß und hoch, während Wehre klein sind. Außerdem zeichnen sich Wehre sich durch eine besondere gestalte Öffnung aus um den Wasserdurchfluss zu erhöhen.

2. Strömen: Große Wassertiefe, geringe Fließgeschwindigkeit, geringes Gefälle; in den meisten offenen Gerinne und Fließgewässern die vorherrschende Fließart; Störungen (Stau, Querschnittsänderung etc.) wirken sich stromauf aus.
   Schießen: Geringe Wassertiefe, große Fließgeschwindigkeit, großes Gefälle (Wildbach, Schussrinne); Störung breiten sich nicht stromauf aus. Stark Sohlbeanspruchung.

# Literaturverzeichnis

[1] KRASS J, MITRANSKY B, RUPP G. Grundlagen der Bautechnik [M]. 2. Auflage. Verlag Europa-Lehrmittel, 2013.

[2] STEINMETZ M, DINTERA H. Deutsch für Ingenieure [M]. Springer Vieweg, 2014.

[3] Eurocode 3: Bemessung und Konstruktion von Stahlbauten — Teil 1-1: Allgemeine Bemessungsregeln und Regeln für den Hochbau; Deutsche Fassung EN 1993-1-1: 2005+AC:2009.

[4] Erddruck [EB/OL]. https://www.spektrum.de/lexikon/geowissenschaften/erddruck/4224.

[5] BOLLRICH G. Technische Hydromechanik 1 — Grundlagen [M]. Beuth Verlag, 2013.

[6] VILLWOCK J, HANAU A. Hydro- und Aerodynamik (Strömungslehre, Dynamik der Fluide) [M]//GROTE K H usw. Dubbel — Taschenbuch für den Maschinenbau. Springer Vieweg, 2018.